中国饮食古籍丛书

饭有十二合说

（外五种）

[清]张英等……撰

何宏……校注

中国轻工业出版社

校注说明

《饭有十二合说》分为稻、炊、肴、蔬、脩、菹、羹、茗、时、器、地、侣等十二合，阐述饮食养生之道，强调节俭。

《饭有十二合说》，张英撰。张英（1637—1708年），字敦复，号乐圃，又号倦圃翁，安徽桐城人，清朝大臣，张廷玉（1672—1755年）之父。康熙六年（1667年）进士，选庶吉士，累官至文华殿大学士兼礼部尚书。先后充任纂修《国史》《一统志》《渊鉴类函》《政治典训》《平定朔漠方略》总裁官。谥号文端。

《饭有十二合说》有《昭代丛书》康熙本乙集第六帙，《昭代丛书》道光本乙集第五帙。《笃素堂文集》康熙本，四库全书本《文端集》卷四十四。

本次整理，以《昭代丛书》（世楷堂藏本）康熙本乙集第六帙为底本。

《食品佳味备览》是一本清末品评食物的读本。

《食品佳味备览》，鹤云氏撰。鹤云氏生平不详，从其序中得知其号无知山人。从书的内容看，大约是清末人。作者对北京为中心的北方地区、上海、苏南地区、湖北等地较为熟悉，多是对这些地方以及全国其他地区食物的点评。本书多以“某地某食品好”的方式，一一述评，也有关于制法的简要记述等。记述所用文字简略，格式独特，但总的看来编排较乱。本书对了解清末饮食状况有一定参考价值。

《食品佳味备览》版本，目前仅见于日本篠田统、田中静一编、书籍文物流通会1972年刊行的《中国食经丛书》辑录此书影印本，题其著者为“清 鹤云”。

本次整理《食品佳味备览》，以东京书籍文物流通会1972年刊行的《中国食经丛书》中《食品佳味备览》影印本为底本。

《叚食良方》是一部简明的药膳谱。叚食良方的意思是借食物而成的药方。

《叚食良方》，吾炙主人辑录。吾炙主人生平不详，待考。暂放在清初。

《叚食良方》仅有中国国家图书馆藏钱氏述古堂抄本。述古堂是清代早期常熟藏书家钱曾的藏书楼。钱曾（1629—1701年），江苏虞山（今常熟）人，字遵王，号也是翁，又号贯花道人、述古主人，清代藏书家、版本学家。同一抄本有蔡襄《茶录》《茶具图赞》、袁宏道《觞政》《酒法》《蔬食谱》等。本次整理，以中国国家图书馆藏钱氏述古堂抄本《叚食良方》为底本。

《三风十愆记》（记饮馔）是清代的笔记。三风十愆，是指三种恶劣风气，所滋生的十种罪愆。十种罪愆指巫风二：舞、歌；淫风四：货、色、游、畋；乱风四：侮圣言、逆忠直、远耆德、比顽童，合而为十愆。《三风十愆记》收于虫天子（乌程张延华）辑《香艳丛书》二集卷一，有上海国学扶轮社宣统二年（1910年）排印本。近人王文濡（1867—1935年）所辑、上海文明书局民国四年（1915年）印行的《说库》第41册也收有此书。

作者署名瀛若氏，从内容可知是江苏常熟人，其他不可考。

本次整理，以上海国学扶轮社宣统二年（1910年）排印本为底本，参校上海文明书局民国四年（1915年）印行《说库》本。

《湖雅》仿《埤雅》《尔雅翼》例，是一本解释字词训诂书，范围仅限于浙江湖州。《湖雅》共分《谷·蔬》

《瓜·果·茶》《药·花》《草·木·竹》《禽·兽·龙蛇》《鱼·介·虫》《金·玉石·丝绵·布帛》《造酿·饼饵·烹饪》《器用·舟车》等九卷，其中卷八《造酿·饼饵·烹饪》主要是饮食内容。

《湖雅》作者汪日桢（1812—1881年），字刚木，号谢城，又号薪甫，浙江乌程（今湖州）人。精史学，又精算学。咸丰二年（1852年）举人，官会稽教谕。汪日桢著有《南浔镇志》，并参加《湖州府志》的编纂。

《湖雅》有光绪庚辰（1880年）刻本。本次整理，以光绪庚辰刻本为底本。

《越谚》是一部反映中国清代越地（主要是山阴、会稽两县城乡，今浙江绍兴市越城区、柯桥区）方言、谣谚集的语言文献，正编分上、中、下三卷，所收资料分为语言、名物、音义三类，其中卷有《饮食》，是绍兴地区饮食方面重要的资料。

《越谚》，范寅撰。范寅（1827—1897年），字啸风，又字虎臣，浙江会稽（今绍兴）皇甫庄人。幕游外地，曾在江西鄱阳等县衙内任职数年。同治十二年（1873年）中副贡（乡试录取名额外列入备取）。

《越谚》有谷应山房藏版刻本，光绪壬午（1882年）仲夏刊。本次整理，以光绪谷应山房本为底本。

具体校注原则如下：

1. 将繁体字竖排改为简体字横排，并加现代标点。

2. 凡底本中的繁体字、异体字、古字、俗字，予以径改，不出注。通假字，于首见处注释，不改字。难字、生僻字词于首见处出注。

3. 凡底本中有明显误脱衍倒之处，信而有征者，予以改正，并出校说明；无确切证据者，出校存疑。

4. 凡底本与校本之字有异，义皆可通者，原文不改，出校说明；校本明显有误者，不再出校。

5. 书中所引古籍，凡能查找到的，如无大差别，用引号，但仍按底本；差别较大影响原意的，予以改正并出校说明；不影响原意的，按底本，不出校。

总目录

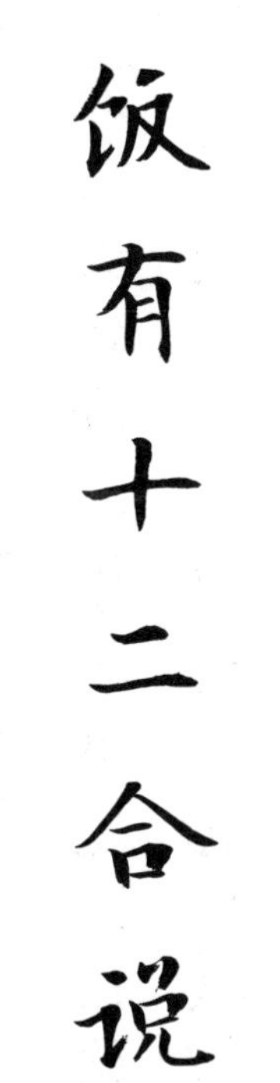

饭有十二合说

〔清〕张英　撰
何宏　校注

飯有十二合說題辭

飯之爲物也得之則生不得則不生矣貧乏者或寄食于漂母或致羨于侏儒或飯後聞鐘不免對闍黎而慚媿是皆欲求一飽而不可得者尙何暇計其精粗美惡耶若夫世祿之家不惟足以自給且有食客至數千人者必欲飯脫粟而供惡草具皆非中正之道也吾夫子則不然鄉黨一篇所云食不厭精吾可知其所喜所云食饐而餲不食失飪不食吾可知其所惡夫子之喜惡如此寧不可得其所折衷乎桐城

《饭有十二合说》书影1

歙縣張　潮山來輯
吳江沈楙悳翠嶺校

飯有十二合說

桐城張　英學圃著

一之稻

古稱飯之美者則有元山之禾精鑿白粲昔人所重吾鄉稻有三種有早熟者有中熟者有晚熟者早晚所熟皆不及中熟之佳蔡邕月令章句云時在季秋

《饭有十二合说》书影2

---《饭有十二合说》题辞---

饭之为物也，得之则生，不得则不生矣！贫乏者或寄食[①]于漂母[②]，或致羡于侏儒[③]，或饭后闻钟[④]不免对阇梨[⑤]而惭愧，是皆欲求一饱，而不可得者，尚何暇计其精粗美恶耶？若夫世禄之家，不惟足以自给，且有食客至数千人者，必欲饭脱粟[⑥]而供恶草具[⑦]，皆非中正之道也。吾夫子则不然，《乡党》一篇所云“食不厌精”，吾可知其所喜；所云“食饐而餲，不食”“失饪，不食”，吾可知其所恶。夫子之喜恶如此，宁不可得其所折衷乎？桐城张相国官大宗伯[⑧]时

---

① 寄食：依靠别人过活。

② 漂母：见《史记·淮阴侯列传》。韩信少时潦倒，饿昏时，洗衣服的妇人漂母把自己的粮食分给韩信吃。

③ 致羡于侏儒：王铎（1592—1652年）《答孙北海》：“家口众，不给，作乞米帖，不免致羡于侏儒。”

④ 饭后闻钟：见五代王定保（870—954年）撰《唐摭言·起自寒苦》：“王播少孤贫，尝客扬州惠昭寺木兰院，随僧斋餐。诸僧厌怠，播至，已饭矣。后二纪，播自重位出镇是邦，因访旧游。向之题，已皆碧纱幕其上。播继以二绝句曰：‘上堂已了各西东，惭愧阇黎饭后钟。二十年来尘扑面，如今始得碧纱笼。’”

⑤ 阇梨：梵语阿阇黎（acarya）的略称，意为高僧，也泛指僧人。

⑥ 脱粟：糙米，只去皮壳、不加精制的米。

⑦ 恶草具：粗劣的饮食。语出《史记·陈丞相世家》：“（刘邦）为太牢具，举进。见楚使，即佯惊曰：‘吾以为亚父使，乃项王使。’复持去，更以恶草具进楚使。”

⑧ 大宗伯：周朝时主管礼制的官，这里指张英曾做过礼部尚书。

作《饭有十二合说》，余思夫君子之事上也，虽一饭，不敢忘君，而况其列高华而居清要[①]者乎？今喜海宇升平，屡丰载咏，田间父老相与[②]，含哺鼓腹[③]于光天化日之中。而公也，与执政诸公共宏吐哺[④]之谊，和羹调鼎[⑤]，三命益恭[⑥]。世之想望丰采者，或赋羔羊之章[⑦]，或赓[⑧]缁衣之咏[⑨]，薄海内外其为人也多矣。夫观其所养，于以知公之以人事；君观其自养，于以知公之为国自爱，宁[⑩]仅仅口体之奉[⑪]云尔哉。

歙县　张潮[⑫]题

---

① 清要：清简得要。

② 相与：彼此往来；相处。

③ 含哺鼓腹：形容太平时代无忧无虑的生活。

④ 吐哺：这里意为进食时多次吐出食物停下来不吃。原指礼贤下士，求才心切，引申为日理万机。

⑤ 和羹调鼎：伊尹以鼎调羹的理论说服商汤，得以重用，担任尹(丞相)，后世遂以“和羹调鼎”比喻治理国家，做宰相的方法。

⑥ 三命益恭：官爵愈高，愈加谨慎。《史记·孔子世家》：“三名兹益恭。”

⑦ 羔羊之章：指《诗经·召南·羔羊》，召南之国化文王之政，在位皆节俭正直，德如羔羊也。

⑧ 赓：继续，连续。

⑨ 缁衣之咏：指《诗经·郑风·缁衣》，意君王善待臣下。缁衣：官服。

⑩ 宁：岂，难道。

⑪ 口体之奉：吃的穿的。

⑫ 张潮（1650—1709? 年），号心斋居士，清代刻书家，曾刻印《昭代丛书》。

一之稻

古称饭之美者，则有元山之禾[1]，精凿白粲[2]，昔人所重。吾乡稻有三种，有早熟者，有中熟者，有晚熟者。早晚所熟，皆不及中熟之佳。蔡邕《月令章句》云："时在季秋，谓之半夏稻，滋味清淑，颐养为宜。"

颂曰：

诗称香稻，如雪流匙[3]。

辨种尝味，迟熟攸宜。

益脾健胃，百福所基。

二之炊

朝鲜人善炊饭，颗粒朗然，而柔腻香泽，倘所谓中边皆腴者耶？又闻之静海励先生[4]，炊米汁勿倾去，留以酝酿，则气味全，火宜缓，

---

① 元山之禾：《吕氏春秋》："饭之美者，元山之禾，不周之粟，阳山之穄，南海之秬。"

② 精凿白粲：白色的精米，杜甫《行官张望补稻畦水归》诗："秋菰成黑米，精凿传白粲。"

③ 如雪流匙：五代韦庄（836？—910年）《稻田》："更被鹭鸶千点雪，破烟来入画屏飞。"唐代杜甫（712—770年）《佐还山后寄》诗之二："老人他日爱，正想滑流匙。"

④ 励先生：励杜讷（1628—1703年），特授编修，官刑部侍郎，谥文恪。与张英同朝为官。

水宜减，盖有道焉。卤莽灭裂[1]，是与暴殄天物[2]者等也。

颂曰：

释之溲溲，蒸之浮浮[3]。

炊我长腰[4]，质粹香留。

谨视火候，丹鼎功侔[5]。

三之肴

《礼》[6]曰："居山不以鱼鳖为礼，居泽不以麋鹿为礼。"食地之所产，则滋味鲜，而物力省。近见人家宴会，每以珍错为奇，不知鸡豚鱼虾，本有至味。《内则》所载，养老人八

---

① 卤莽灭裂：形容做事草率粗疏。

② 暴殄（tiǎn）天物：原指残害灭绝天生自然资源，后指任意糟蹋东西、不知爱惜。暴：损害。殄：绝。

③ 释之溲溲，蒸之浮浮：语出《诗经·大雅·生民》。释：淘米。叟叟：淘米的声音。浮浮：热气上升貌。

④ 炊我长腰：元代鲜于枢（1246—1302年）《八声甘州》套曲："粳米炊长腰，鳊鱼煮缩项。"长腰，即长腰米，亦称"长腰铊"，稻米的品名。

⑤ 侔：相等，齐等。

⑥《礼》：《礼记》。

珍[1]，皆寻常羊豕，特烹炮异耳，何尝广搜异味哉。且每食一荤，则肠胃不杂，而得以尽其滋味之美。山海罗列，腥荤杂进，既为伤生侈费，亦乖[2]颐养之道，所当深戒者也。

颂曰：

甘毳[3]芳鲜[4]，是为侯鲭[5]。

脾宽则化，腹虚则灵。

戒尔饕餮[6]，视此鼎铭。

四之蔬

古人称早韭晚菘[7]，山厨珍味。城中鬻蔬者采摘非时，复为风日所损，真味漓矣。自种

① 养老人八珍：《礼记·内则》所记八珍，即淳熬、淳母、炮豚、炮牂、捣珍、渍、熬和肝膋，亦称周八珍。周八珍是周王朝的养老菜肴，每一道都很符合老年人的身体特点，这些食品口感极烂，可谓是烂如腐，使老人们能够轻松地咀嚼；在口味上，食品均佐以肉酱或是腌制而成，入味很浓，使老年人迟钝的味觉也可以品尝到食物的味道；在营养价值上，绝大多数讲究粗细结合，可以保证均衡摄入人体所需的元素。

② 乖：古时本义指背离、违背。

③ 甘毳（cuì）：同甘脆。味美的食品。

④ 芳鲜：味美新鲜。

⑤ 侯鲭（qīng）：指精美的肉食。鲭，鱼和肉合烹而成的食物。

⑥ 饕餮（tāo tiè）：传说中的一种凶恶贪食的野兽，比喻贪吃的人。

⑦ 早韭晚菘：语出《南史·周颙传》："文惠太子问颙菜食何味最胜，颙曰：'春初早韭，秋末晚菘。'"

一亩蔬，时其老稚而取之，含露负霜，甘芳脆美，诗人所谓“有道在葵藿[①]”耶？

颂曰：

蔓菁芦菔，其甘如饴[②]。

美胜粱肉，晚食益奇。

菜根不厌，百事可为[③]。

五之脩[④]

古称脯脩，亦所以佐匕[⑤]箸[⑥]。山雉[⑦]泽凫[⑧]，鹿脯鱼薧[⑨]，昔人往往见之篇什[⑩]。但取一

① 有道在葵藿：南朝江淹（444—505年）《陈思王曹植赠友》：“处富不忘贫，有道在葵藿。”葵藿：指葵与藿，均为蔬菜名。

② 蔓菁芦菔，其甘如饴：语出苏东坡《菜羹赋》：“水陆之味，贫不能致，煮蔓菁、芦菔、苦荠而食之。”《诗经·大雅·绵》：“堇荼如饴。”郑玄笺：“其所生菜，虽有性苦者，甘如饴也。”芦菔：萝卜。

③ 菜根不厌，百事可为：语出明洪应明《菜根谭》：“嚼得菜根，百事可为。”

④ 脩（xiū）：原意为干肉，古时弟子用来送给老师做见面礼。

⑤ 匕：古人取食的器具，后演变成羹匙。

⑥ 箸：筷子。

⑦ 雉：野鸡。

⑧ 凫：野鸭。

⑨ 薧（hāo）：干制的食物。

⑩ 篇什：《诗经》的《雅》《颂》以十篇为一什，后用篇什指诗篇。

种，可以侑食[1]，毋为侈靡奇巧。

颂曰：

饱尝世味，知彼鸡肋。

聊资醢脯[2]，以妥[3]家食。

炮炙肥甘，腑胃之贼[4]。

六之菹[5]

盐豉寒菹，古人所谓旨畜以御冬[6]也，以清脆甘芬为贵。食既而嚼，口吻爽隽，为益多矣。

颂曰：

甫里幽居，爰赋杞菊[7]。

红姜紫茄，青笋黄独[8]。

告我妇子，储备宜夙[9]。

---

① 侑（yòu）食：劝食。

② 醢（hǎi）：肉、鱼等制成的酱。脯：干肉。

③ 妥：完备，齐备。

④ 贼：残害，伤害。

⑤ 菹（zū）：为了利于长时间存放而经过发酵的蔬菜。

⑥ 旨畜以御冬：见《诗经·邶风·谷风》："我有旨畜，亦以御冬。"旨：美味的食物。

⑦ 甫里幽居，爰赋杞菊：唐代诗人陆龟蒙（？—881年?）隐居松江甫里（苏州市吴中区甪直镇），作《杞菊赋》。

⑧ 黄独：一种多年生草本野生藤蔓植物，块茎卵圆形或梨形，外皮紫黑色，可食。

⑨ 夙：早。

七之羹

古人每饭，羹左食右[1]。又曰，若作和羹，尔为盐梅[2]。羹之为用，宜备五味以宣泄补益，由来尚矣。古人饭而以汤沃[3]之曰飧[4]，言取饱也。老者易于哽咽，于羹尤宜。

颂曰：

新妇[5]执馈[6]，爰作羹汤。

和以芍药，椒芬飶[7]香。

以代祝哽[8]，祗[9]奉高堂。

八之茗

食毕而茗，所以解荤腥，涤齿颊，以通利

① 羹左食右：见《周礼》："凡进食之礼……食居之人左，羹居人之右。"

② 若作和羹，尔为盐梅：见《尚书·说命》。

③ 沃：浇。

④ 飧（cān）：同餐。

⑤ 新妇：刚结婚的新媳妇。

⑥ 馈：即中馈，家中供膳诸事。

⑦ 飶（bì）：食物的香气。

⑧ 祝哽：古代帝王请年老致仕者饮酒吃饭，设置专人祷祝他们不哽不噎，敬老、养老的表示。哽：食物堵住食道。

⑨ 祗（zhī）：恭敬。

肠胃也。茗以温醇为贵，岕片[1]、武夷[2]、六安[3]三种最良。石泉佳茗，最是清福。

颂曰：

松风既鸣，蟹眼[4]将沸。

月团[5]手烹，以涤滞郁。

丹田紫关，香气腾拂。

九之时

人所最重者，食也。食所最重者，时也。山梁雌雉，子曰时哉时哉[6]。固有珍膳当前而困于酒食者，失其时也。有葵藿而欣然一饱者，得其时也。樊笼之鸟，饲以稻粱，而羽毛铩[7]敝[8]。山溪之鸟，五步一饮，十步一啄，而飞鸣自得者，时与不时之异也。当饱而食曰非时，当饥而不食曰非时，适当其可谓之时。噫！难

---

① 岕（jiè）片：初现于明初，失传于清雍正年间，曾在宜兴种植的一种名茶。当地人念“岕”为“kā”。

② 武夷：武夷茶。

③ 六（lù）安：指六安瓜片。

④ 蟹眼：古时称煮茶之水沸腾之前的状况，即水中出现小泡泡如螃蟹眼大小，水温在70～80摄氏度。

⑤ 月团：团茶的一种。

⑥ 山梁雌雉，子曰时哉时哉：语出《论语》：“山梁雌雉，时哉时哉。”

⑦ 铩：摧残，伤残。

⑧ 敝：破旧；破烂。

为名利中人言哉。

颂曰：

晨起腹虚，载游樊圃[1]。

容与花间，香生肺腑。

思食而食，奚羡华膴[2]。

十之器

器以瓷为宜，但取精洁，毋尚细巧。瓷太佳，则脆薄，易于伤损，心反为其所役，而无自适之趣矣。予但取其中者。

颂曰：

绳[3]牀[4]棐几[5]，净扫无尘。

花瓷莹润，叁伍[6]以陈。

陋彼金玉，萦扰心神。

十一之地

吁，食岂易言哉！冬则温密之室，焚名

① 樊圃：有篱的园圃。
② 华膴（wǔ）：美衣丰食。
③ 绳：特指木工用的墨线。
④ 牀：同床，卧具。
⑤ 棐（fěi）几：用棐木做的几桌，泛指几桌。
⑥ 叁（sān）伍：或三或五，指变化不定的数。

香，然[1]兽炭[2]；春则柳堂花榭；夏则或临水，或依竹，或荫乔林之阴，或坐片石之上；秋则晴窗高阁，皆所以顺四时之序。又必远尘埃，避风日。帘幙[3]当施，则围坐斗室；轩窗当启，则远见林壑。斯飧香饮翠，可以助吾藜藿[4]鸡黍[5]之趣。食岂易言哉！

颂曰：

食以养生，以畅为福。

相彼阴阳，时其凉燠[6]。

以适我情，以果我腹。

十二之侣

独酌太寂，群餐太嚣。虽然，非其人，则移牀远客，不如其寂也。或良友同餐，或妻子共食，但取三四人，毋多而嚣。

颂曰：

肃然以敬，雍然[7]以和。

---

① 然：同燃。

② 兽炭：泛指炭或炭火。

③ 幙：同幕。

④ 藜藿：指粗劣的饭菜。

⑤ 鸡黍：指招待客人的饭菜。有情谊深厚，尊信诺言之意。

⑥ 凉燠（yù）：凉热。

⑦ 雍然：和谐，和睦的样子。

不淫不侈，不烦不苛。

式饮式食，受福孔多[①]。

跋

余向苦胃弱，日食不过合许，此腹终岁枵然[②]，未尝一饱。见健饭者辄羡之，非不欲饱也，不能饱也。昔东坡与客有皛饭又有毳饭[③]，虽曰游戏，终属冷淡生活。今读此篇，诚不啻[④]大嚼矣。

心斋　张潮

① 孔多：很多。

② 枵（xiāo）然：腹空饥饿的样子。

③ 东坡与客有皛（xiǎo）饭又有毳（cuì）饭：语出南宋曾慥《高斋漫录》："一日，钱穆父（钱勰）折简召坡（苏轼）食皛饭，坡至，乃设饭一盂、萝卜一碟、白盐一盏而已，盖以三白为'皛'也。后数日，坡复召穆父食'毳饭'，穆父意坡必有毛物相报。比至日晏，并不设食，穆父馁甚，坡曰：'萝卜、汤、饭俱毛（音有，即没有）也！'穆父叹曰：'子瞻可谓善戏谑者也。'"

④ 不啻（chì）：无异于；如同。

食品佳味备览

〔清〕鹤云氏　撰
何宏　校注

食品佳味備覽

做桶子雞法

用荷葉小茴香鹽同煮

醃金華火腿法

每肉重一斤用鹽糖各一兩同醃

做醬鴨法

用醬搽晒三次卽成

醉螃蟹法

《食品佳味备览》书影1

序

人生以衣食爲要食品不可不講求人生飲食係養命之本予講求數十年食盡各省精粗之味以及口外東西洋各國之食品分别精粗之味彙成一本以濟世用名之曰食品佳味備覽行世是爲序

無知山人鶴雲氏撰

《食品佳味备览》书影2

序

人生以衣食为要，食品不可不讲求。人生饮食，系养命之本。予讲求数十年，食尽各省精粗之味，以及口外[①]、东西洋各国之食品，分别精粗之味，汇成一本，以济世用，名之曰《食品佳味备览》行世。是为序。

无知山人鹤云氏撰

① 口外：指长城以北地区，包括内蒙古、河北北部的张家口、承德大部分地区，但不包括东北三省。

做桶子鸡法

用荷叶、小茴香、盐同煮。

腌金华火腿法

每肉重一斤，用盐、糖各一两同腌。

做酱鸭法

用酱搽晒三次即成。

醉螃蟹[①]法

歌云："十八团脐不用尖，半斤米醋半斤盐。斤半饴糖斤半酒，吃到明年二月天。"

烧烤法

用砖炉如字炉[②]样。

将小猪挂在炉内，用木柴三大块，点着放在炉门口。只要火进去，柴不必进去。数刻工夫即好。

用小猪不可太小，必要四十多天的小猪。方有油烧时，必满搽香油。

---

① 蟹：原作蠏。

② 字炉：即惜字炉、化字炉，古代焚烧带字纸张或其他物品的炉子，一般呈塔形，有拱门式炉口。

做烙渣法

用鸡蛋清稍加水和面摊饼，再切成骨牌块。用香油炸，另用糖、醋汁，吃时拈[①]汁。如喜甜用糖汁，如不喜甜即用醋汁。

烩[②]鱼翅必用糖

发鱼翅只要滥，不可发过，如发过即有臭味。凡发海菜皆如此。鱼翅以黄肉翅为最好；堆翅系发好的，最不好。扬州厨子做鱼翅最好，保定府次之，天津又次之。

扬州的车鳌[③]最好，天下皆无。

大名府的桂花皮糖最好。

扬州的水皮糖最好，各省皆无。

扬州的金橘糕甚好。

都中[④]的把燕最好。

都中的山查[⑤]蜜糕好。

---

① 拈：应为沾，同蘸。

② 烩：原作会。

③ 车鳌：即橄榄蛏蚌，亦名河蚶、义河蚶，为我国特有种，主要栖息于水质清澈、有一定水流的河口及湖泊相连的河口处，是一种极为罕见的淡水贝类。唐代皮日休《送从第崇归复州竞陵》诗云："车鳌近岸无妨取。"

④ 都中：指京都，即北京。

⑤ 山查：山楂。

保定府竹兰斋的山查糕好。

保定府的甜面酱好。

都中内城的茯苓夹饼好。

河南的茯苓夹饼、柿霜、白枣、状元饼、黄河鲤、香肠、西瓜皆好。

保定府的白皮香瓜最好，各省皆无。

都中的果脯、状元饼好。

南宫县[1]的点心铺好。

张家口的烧小猪、松子、牛奶片、熏猪皆好。

湖北云梦县的鱼面好。

广东的鲜荔枝、甘蔗、橙子皆好。

江西的蜜枣、兰花菇皆好。

汉阳的果藕好。无渣。

湖北的班鱼[2]、黄浅糕皆好。

深州[3]桃好。

直隶鸦儿梨[4]好。

都中牛奶葡萄好。

洞庭山的白沙枇杷好。

上海的水蜜桃好。

---

① 南宫县：今隶属于河北省邢台市。

② 班鱼：即斑鱼。

③ 深州：今隶属于河北省衡水市。

④ 鸦儿梨：鸭梨。

翻菜[1]馆的火腿汤、火腿盒子好。

扬州的汤包好。

苏州的熏鱼、酱鸭好。

浙江的南枣、金华火腿、龙井茶叶皆好。

福建的桂圆、橘子好。

张家口的扣磨[2]好。

绍兴的女儿酒好。

湖北的碧绿酒好。

都中玫瑰酒、玫瑰饼皆好。

外洋的茶叶酒、菊花酒、香冰酒[3]、葡萄酒皆好。

都中的香片茶叶好。

云南的普洱茶好，要大盘的。

南京的鸭子、桶子鸡、白头芹菜好。

许四关[4]的豆腐干好。

山西的汾酒好。

天津的河吞白好。

苏州的蜜饯好。

都中的糖心松花[5]好。

上海的松子糕好。

---

① 翻菜：即番菜，西餐。

② 扣磨：应为“口蘑”。

③ 香冰酒：香槟酒。

④ 许四关：浒（xǔ）墅关，在今苏州市虎丘区。

⑤ 松花：松花蛋，又名皮蛋。

都中的五香酱羊肉好。

昌黎县[1]的露壳核桃好。

保定的糖炒白果、拔丝山药皆好。

做枣糕法

用糯米粉和枣泥印糕。

做山芋糕法

用山芋做皮，内包枣泥成糕。

做元宵必用切碎桂圆为心。元宵要滚，不要包。

做团子必用豆沙为心。团子要滚，不要包。[2]

天津的炸糕好。

螃蟹、虾仁、兰花菇、鸡皮、鸡丝、火腿、江瑶柱，让[3]汤味极鲜美。

都中的鲜糟鱼好，炸、溜。

夏天用冰做桃酱极好。

玉米去皮，用糖煮食好。

夏天果羹，用冰为底好。

新鲜菌子做汤好。

天津的水煎锅贴好。

---

① 昌黎县：今隶属于河北省秦皇岛市。

② 团子要滚，不要包。这句话疑错，应为团子要包，不要滚。

③ 让：原作護，应为讓，即让。

炸、溜鸽蛋好。

清蒸江瑶柱汤好。只少放盐，不用油及酱油、醋，只用肥肉几片，吃时去了。

沧州有荤素冬菜，荤冬菜尤好，比川冬菜、京冬菜味更好。

川冬菜烩板栗好。

螃蟹护鱼面好。

螃蟹羊肉必用青蒜方有味。

白糖是一样好作料。

凡厨子必要有五样手段方好：

一要洗刷甘净；

二要配合得当；

三要刀法合式；

四要烹调得味；

五要火候到家。

今之八珍：

熊掌，鹿尾，车鳌，鱼翅，螃蟹，江瑶柱，兰花菇，班鱼。

四川的竹孙[1]好。

① 竹孙：竹荪。

都中酒馆，鱼能四做：

鱼片，鱼杂，鱼中段[①]，鱼头尾。

都中鲫鱼蒸蛋好。

广东、广西鱼生、鱼生粥皆好。

天津的大银鱼好。

海中的大鳇鱼[②]好。

鹿肉片好。

乐亭的小枣无核好。

江西的大荸荠好。

大内[③]中海[④]的果藕好。无渣。

都中的大杏子、甜红果好。

扬州的土贴好。

虞山[⑤]的虞菌好。

都门以北的全羊好。

山东的肥桃好。

冀州[⑥]的大凉枣好。

广东的菠萝好。

---

① 段：原为叚。

② 大鳇魚：应为大黄鱼。

③ 大内：旧指皇城。

④ 中海：北京中南海之中海。

⑤ 虞山：今常熟虞山街道。

⑥ 冀州：今隶属于河北省衡水市。

固始[1]的鸡子好。

海中的大虾好。

新鲜莲米煮吃好。

虾米、肉丝烧南瓜好。

小东瓜[2]内装子鸡、火腿、口磨炖，好。

粉蒸肉夹干肉蒸，极烂方好。

冰糖燕菜固好，清汤燕菜、红烧燕菜亦好。

水鸡[3]，红烧、川[4]汤皆好。

脚鱼[5]红烧、清蒸皆好。

白鳝鱼清蒸好。要树[6]着蒸，方不走油。

用闷笼烧莲子极烂。冰糖同莲子并下。

凡炒菜，必要油冒烟再下菜，方没有生油气味。作料必斟酌先后放入，不可一齐放下。

凡用糖煨东西，必先放糖，方没有生糖味。煨白果必要煨涨再放糖。如先放糖，白果即抽小。

---

① 固始：今隶属于河南省信阳市。

② 东瓜：即冬瓜。

③ 水鸡：指青蛙。

④ 川：应为“汆”。

⑤ 脚鱼：指甲鱼。

⑥ 树：竖，立。

凡煨汤，必要水开再下物件。如未开即下食物，汤必浑[1]。煨好时稍放盐。

湖北省的菜薹好，炒冬笋更好。

天津的凉糕好。

汉川[2]的空心饼好。

庐江[3]的淹鸭烝[4]好。

湖北省的油泡烘鱼好。

清蒸鲥鱼好。

混沌[5]，可蒸、可炸、可煮。

河南松县[6]的百合好。尖子都是甜的。

怀庆府[7]的山药好。

甘肃的果丹皮好。

京城的松子好。

湖南的腌[8]猪心好。

黄陂[9]县的淹猪肝好。

---

① 浑：原为晕，应为荤，同浑。

② 汉川：今隶属于湖北省孝感市。

③ 庐江：今隶属于安徽省合肥市。

④ 烝：即蒸。

⑤ 混沌：即馄饨。

⑥ 松县：今名嵩县，今隶属于洛阳市。

⑦ 怀庆府：为古代府，府治河内县（今河南沁阳市），明辖六县，清辖八县。范围为今河南省焦作市、济源市和新乡市的原阳县所辖地域。中华民国二年（1913年）废府。

⑧ 腌：原作淹。

⑨ 黄陂：今隶属于湖北省武汉市。

冬天的苹果好。

福建的檀香青果好。

苏州的糖烧玉头[①]好。

蕲州[②]的黑苏糖好。

兴国州[③]的山芋好。

湖北的麦啄[④]好。

天津的铁雀[⑤]好。

京城前门的冰梅汤好。

京城琉璃厂信远[⑥]冰梅汤、梅糕都好。

北边的兔子肉、野鸡、野鸭、孤丁[⑦]皆好。

凡炒菜，不可用水。

凡拌菜，要多用小麻油。

拌海浙[⑧]，必多用白糖。

茄子蒸烂，用醋蒜拌好，糖酱茄子亦好。

---

① 玉头：即芋头。

② 蕲州：今隶属于湖北省黄冈市。

③ 兴国州：元代所设行政区划，辖今湖北省阳新县、大冶市、通山县。州府在阳新县，即现在阳新县兴国镇。

④ 麦啄：一种类似斑鸠的野生禽类，骨架小巧，最大体重不过20克。

⑤ 铁雀：即麻雀。

⑥ 信远：信远斋。

⑦ 孤丁：疑为野生水鸟“鸪丁”，即白骨顶。现为国家保护动物。

⑧ 海浙：应为海蜇。

东三省吃火锅只用腌菜汤，频添猪肉片，要煮熟。其余羊肉片、鱼片、野鸡片、鹿肉片、黄羊肉片、野猪肉片，皆川[①]吃。可用几十盘，其汤味极鲜。

都中致美斋的小烧饼好。

都中烂面胡同便宜坊的烧鸭子好。

御膳[②]是各是各味，不能伙在一起。满席中吃完菜时还有点心四碟，名为“蒸食”，因喜吃面饭者随喜。

口外只有油麦[③]面、胡麻油。虽钦差过境，地方供应亦只有牛羊肉。自己带点米炒一碗，名为“妙米”。

外洋以面包为饭。凡肉等，只烤半熟就吃。

广东人以猫肉为美味。

苏杭丝坊吃蚕。

天津人吃黄虫[④]。

黄牙白火腿炖汤好，醋熘亦好。

东三省人吃各样肉片，用平锅烤熟，占[⑤]

---

① 川：氽。

② 膳：原作缮。

③ 油麦：应为“莜麦”。

④ 黄虫：指蝗虫。

⑤ 占：应为蘸。

作料吃。

油鱼[1]片川汤，油鱼丝炒均好。

都中的炸烝、炸软肝均好。

夏天用新鲜荷叶同米煮粥吃好。

荷花瓣、薄荷叶，用面炸食好，必用白糖洒面上。

菊花开时，做鱼羹，下白菊花瓣吃好。

海参之类，大乌参好，刺参亦好。

近有龙肠，味如鱼骨，不知真假。

山海关外有哈叶吗[2]，即口外之水鸡。

近有唇毫，似蛏甘。

西施舌即大蛏，甘味亦同。

藕元子包桂花糖、核桃心好。

春卷包豆沙心亦好。

鸡汤川银耳好。

少白湖[3]的双黄蛋好。

近兴做素火腿。

都中的丰糕、栗子糕皆好。

江西的米佳乎天下。

玉田县[4]御稻好，桃花米亦好。

郑州的米好。

---

① 油鱼：即鱿鱼。

② 哈叶吗：即蛤什蟆，中国林蛙的俗称。

③ 少白湖：即邵伯湖，在江苏省扬州市江都区邵伯镇。

④ 玉田县：今隶属于河北省唐山市。

黄州府[1]的萝葡好。

直隶[2]有旱稻，有败[3]子米。

热河[4]的荞麦面白色。

云南的火腿好。

江西亦有南枣。

安徽有马牙枣。

河南有黑枣。

近来有机器面。

南京从前的苏糖好。

天津的年糕好。

巴河[5]的糍巴好。

浙江的虎爪笋好。

甘肃的卤虾瓜好。

汉口的西馆好。

天津、清江的馆子好。

都中的盘香面、硬皮混沌皆好。

江浙的庐笋[6]好。

都中黄酒馆的边黄好[7]。

苏州、扬州茶馆都好。

---

① 黄州府：今湖北黄冈。

② 直隶：中国旧省名，今河北省，省城为保定。

③ 败：同稗。

④ 热河：今河北省承德市。

⑤ 巴河：巴河位于黄冈市浠水县西南部，紧靠古城黄州赤壁。

⑥ 庐笋：这里指禾本科植物芦苇的嫩芽。

⑦ 好：原作“的”，据意改。

都中天宁寺的素菜好。

外洋的加非[1]、酒好。

广东的工夫茶好。

福建的云雾茶好。

洞庭山的茶叶好。

庐江的糖烧卖好。

直隶的杂面、称条面皆好。

天津的独流醋好。

镇江的醋好。

罗山县仙花镇的酒娘子[2]好。

汉口的小油果好。

北边的家常饼好。

天津馆子里护辣汤[3]好。

正定[4]府鸡片好。

吃加非茶，必要放糖、兑牛奶。

红梅茶好，君梅茶更好。

牛奶最养人，惟性稍寒，必要用铜锅烧开。一开就拏[5]起，不可开多时。放白糖即可，吃味好，且补。五、六、七三个月恐有汗，不可吃。

① 加非：咖啡。

② 酒娘子：酒酿。

③ 护辣汤：现一般称为胡辣汤。

④ 正定：今河北省正定县。

⑤ 拏（ná）：同拿。

珠兰茶叶好。

会泉酒[1]好。

福菌。

香菇。

广东红豆腐卤。系宇头。

虾仁炒米粉好。

螃蟹炒豆丝、炒面都好。

五、六、七三个月不可吃鱼，免致患河鱼之疾，泄泻之症，因水晒热之故也。

南京的莴苣元好，如加糖腌更好。

嫩箕头米[2]煮吃好。

都中铁门的酱萝卜、酱黄瓜、酱姜、酱地庐、酱杏仁核桃都好。

直隶的校瓜[3]好。煮熟，一挍即成一根丝。用小麻油、酱油泮[4]吃。

信野[5]菱角煮吃好。

北边的脆柿子好。

---

① 会泉酒：疑为惠泉酒。

② 嫩箕头米：即嫩鸡头米。

③ 校瓜：即金丝挍瓜。

④ 泮：同拌。

⑤ 信野：即新野，今河南省南阳市所辖。

〔清〕吾炙主人 辑
何宏 校注

叚食良方

吾炙主人著

粥類

胡桃粥

胡桃取肉去皮淨二兩粳米三兩煮粥清晨用可補陽及淋痔

芡實粥

雞頭實二合粳米三合煑粥清晨用可強精健脾

枸杞粥

《叚食良方》书影1

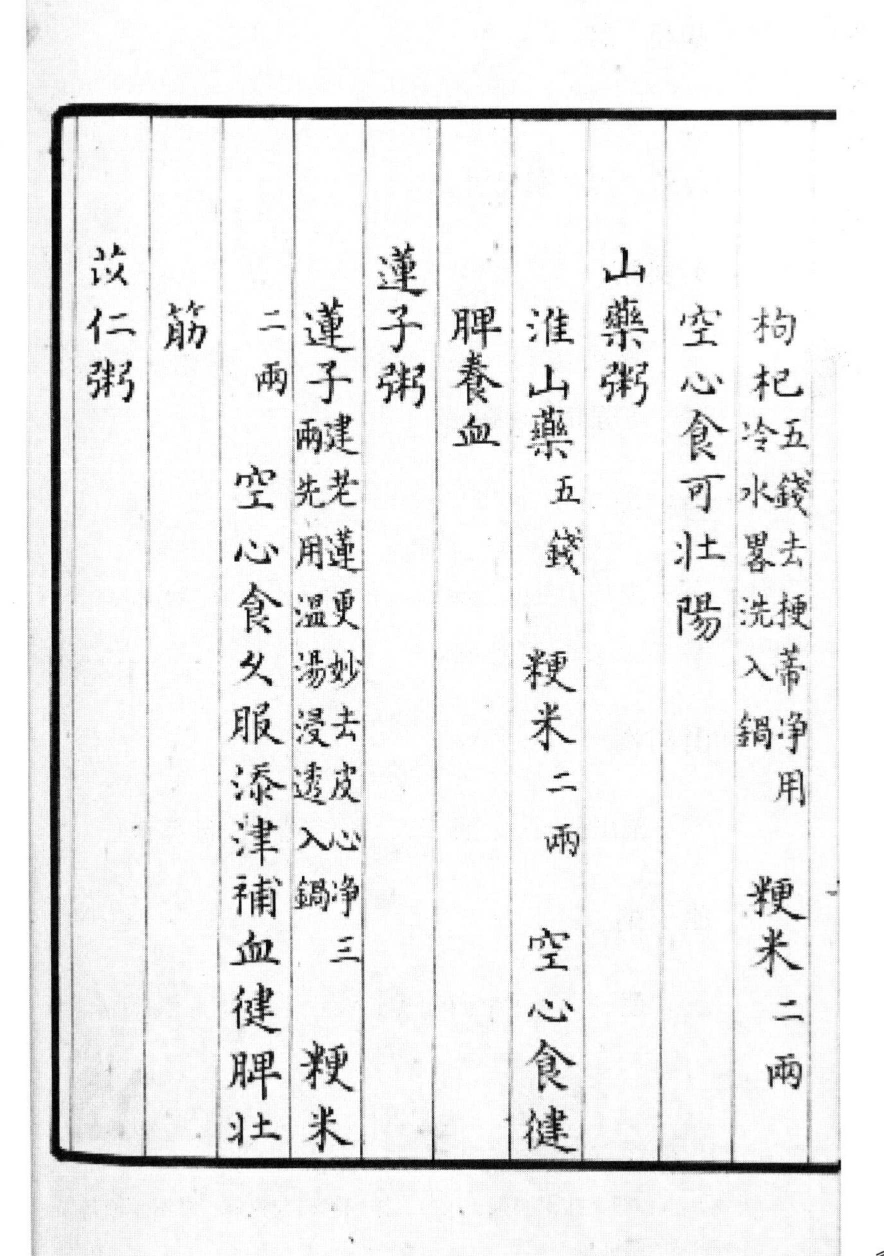
枸杞五錢去梗蒂淨用冷水畧洗入鍋 粳米二兩
空心食可壯陽

山藥粥
淮山藥五錢 粳米二兩 空心食健
脾養血

蓮子粥
蓮子建老蓮更妙去皮心淨三兩先用溫湯浸透入鍋 粳米
二兩 空心食久服添津補血健脾壯
筋

苡仁粥

《叚食良方》书影2

粥类

胡桃[1]粥

胡桃，取肉去皮，净二两。粳米，三两。煮粥。清晨用，可补阳及淋[2]、痔[3]。

芡实粥

鸡头实[4]，二合[5]。粳米，三合。煮粥。清晨用，可强精[6]健脾。

枸杞粥

枸杞，五钱，去梗蒂净，用冷水略洗，入锅。粳米，二两。空心食，可壮阳。

山药粥

淮山药，五钱。粳米，二两。空心食，健脾养血。

莲子粥

莲子，建老莲更妙，去皮心净，三两，先用温汤浸透，

---

① 胡桃：即核桃。

② 淋：即淋症，尿频、尿急、排尿障碍或涩痛、淋漓不断等症候的统称。

③ 痔：即痔疮，是临床上一种最常见的肛门疾病。

④ 鸡头实：即芡实，又称鸡头、鸡头米。

⑤ 合（gě）：中国市制容量单位，一升的十分之一。

⑥ 精：即筋。

入锅。粳米，二两。空心食，久服添津补血，健脾壮筋。

苡仁粥

薏苡仁，二两。白米，三两。南枣，六枚，如无，用北枣。空心服，除风去湿。

扁豆粥

白扁豆，二两。白米，三两。姜，三钱。空心服，能和中下气，清暑健脾，兼治女人带下。

百合粥

百合，洗净，三两。白米，三两。空心食，治胸满腹痛，心胆不宁，补中气，通耳窍，利二便。

甘蔗粥

甘蔗，取汁五斤。白米，三斤。同浸三个时取起晒，又浸又晒，多次为妙。每用米三四两煮粥。空心食，能清痰止咳，兼治虗[1]热。

杏仁粥

杏仁，汤泡，去皮尖，捣烂或研细末，晒干更妙，二两。白米，三两。空心食，或用肺同煮食亦妙。

---

① 虗（xū）：同虚。

冬苓粥

白茯苓，去皮，三钱。麦门冬，去皮，三钱。白米，三两。空心食。

面米粥

白面，八两，炒褐色。白米，八两。白米先煮，将熟入炒面同煮稀粥为妙。治泻泄久不愈并白痢[①]。

糕类

八仙散小儿用

白茯苓，四两。使君子，二两，切片晒干。怀山药，四两，炒。大砂仁，炒，去衣。薏苡仁，四两，炒。陈仓米，二升，炒。莲心，去心炙黄，忌铁器，四两。扁豆，四两，炒。芡实，三两，炒。麦芽，四两，炒。共为细末，加糖随意拌食。

饮类

二白饮

白茯苓，去皮，净洁白者，切片，一钱。家干白

① 白痢：病名。痢疾便下白色黏冻或脓液者。

菊，去梗蒂，净，三分。水二斤，煎至一斤八两，随时温服。气粥加人参三分，痰咳加五味子四分，每日煎一壶，当茶久服，清心明目，滋肾健脾，宽胸清气。

莲冬饮

莲子，去皮心，净，二十个。麦冬，去心，净，二钱。煎法同前，久服健脾清心，除痰火。

参枣饮

人参，四分至一钱止。小枣，去皮，净，四个。白茯苓，去皮，净，一钱，麦冬，去心，净，一钱。煎法同前。久服调中安胃，明目添精。除小枣，加五味子，名参麦散。

红玉饮

枸杞子，去梗蒂，净，一钱五分。麦冬，去心，净，一钱。牛膝，五分。煎法同前。久服明目开胸补气。若以牛膝有苦味，亦可不用。只枸杞、麦冬，其味与色更佳。但欲其入下部，非牛膝不为功。

生生饮

酸枣仁，拣净，微炒香，二钱。生怀大地，洗去皮外黑水，手碎，一钱。橘红，三分。煎法同前，久服调脾滋肾，理气生津，宁神美[1]睡。若以橘红味辛，不可用。

以上诸饮，每食皆可入参三分。

绿豆饮

绿豆，四两。水三斤，煮豆熟饮，宜于冷，加枣二三枚为妙。能除烦解热，消毒去滞。

豆熟时加白米煮粥吃，亦妙。

桂浆

肉桂，二两，为末。桂花，五钱。白梅，盐成者，洗去盐，椎碎，二十个。蜂蜜，一斤。先用上好泉水或冬藏雪水或天雨水，用十斤，入薄苛[2]叶五钱，煎至五斤，候冷。露一宿，次早倾入磁坛内，入前药搅匀，用箬封一层，纸封二层，七日以簪椎孔，有香气出。然后开坛，其色味俱美，能解暑清心，补精益气。若上燥下寒者更宜服。

石斛汤

全当归，五钱。白芍，二钱。川芎，一钱。熟地，五钱。金钗石，去根，五钱。枸杞，五钱。五味，

① 美（měi）：通美。
② 薄苛：薄荷。

五钱。人参，一钱。枣仁，五钱，要不破者，浓灯心[1]汤泡涨，焙干。龙眼，七个。枣，二枚。河水二大碗，煎一碗，将渣逼干。临睡服之，养心固肾，滋血生精，安神镇魄，久服轻身延年。

猪肾类

秘传四味汤

杜仲，五钱，去丝，盐、酒炒。破故纸[2]，五钱，盐、酒炒。大茴香，二钱五分，微炒。小茴香，二钱五分，微炒。四味共为细末。每日上午买猪腰二个，去外膜，切半开，入盐少许后，每个入前药一钱，不可多入。入过以线捆定，用砂罐加水二碗，煮极烂，至大半碗。次早空心食之，须好酒二三杯，带肉汤药俱食尽。若汤多，便无力。如法，今午服，当晚效。但制药不可多，恐贮久气泄不验，宁再制再用也。

酒类

万寿药酒方

何首乌，十斤，去粗皮，以竹刀切片，米泔水浸洗，晒

① 灯心：灯心草。
② 破故纸：豆科植物补骨脂的果实，又称紫金殿。

干与牛膝同蒸，每十斤制完约有三斤之数，为一料。川牛膝，一斤八两，酒洗去芦根，入柳木甑内与何首乌同蒸；用黑豆一斗，同浸一日；先将豆铺甑底，一层豆一层药，蒸至豆烂，大约香三炷；去豆晒干，如此九次。苍术，一斤，米泔浸一宿，括去粗皮，盐水炒为末。地骨皮：一斤，温水洗净，晒干为末。桑葚：紫色者二十斤，磁器盛收，将手捺入绢带取汁，隔水熬成膏，以苍术、地骨皮末投入汁内，调成稀粥，装磁罐中，用泥封口；放朝阳处，日取日精，夜取月华，二十一日出为末。玄武胶，取生龟板廿斤，去边用中心，搥碎；河水浸七日，每日换水一次，令不腥气为度；盛薄磁罐内，于大锅内水煮七昼夜，桑柴煮四日，取汁起，为头胶；再加水一半，煮三日，为次胶；同入银锅微火，熬之滴水成珠为度，勿令焦；置磁器中，晒干成饼，再用盐拌盛之，挂在通风处。鹿角胶，取新角二十斤，以小锯截断，其煎法与玄武胶同，二胶每酒一坛各入八两，不与各药混，装袋中另加酒，化入坛。当归身，八两，去头尾，酒洗。白芍药，八两，酒拌炒。枸杞子，八两。天门冬，去心，八两。五味子，四两。冬青子，去壳，取仁，八两。杜仲，盐水炒，八两。黄精，酒洗，四两。菟丝子，酒煮，四两。肉苁蓉，酒洗，瓦上焙干，四两。甘草，蜜炙，四两。蕲蛇，一条，入袋。荜澄茄，四两，去枝梗。巴戟天，酒煮，四两。虎胫骨，酥炙，四两。川续断，四两，童便浸一日晒干，如法三次。茯神，人乳拌晒九次，四两。防风，炒，四两。五加皮，四两。木香，四两，捣碎。沉香，四两。莲须，四两。砂仁，四两。核桃，四两，去衣。小红枣，四两，去核。山查肉，四两。破故纸，四两，酒浸一宿，同黑豆、胡麻炒黑，去豆及麻。金樱子，滚水炮即取起，盛罐中搅烂，以绢袋取汁，去渣，隔水熬膏，四两。

上[1]诸药为法，制度如式：用酒米三斗做酒浆五斗，同白酒法。待浆足，不下水，入烧酒十斤，三日后沥去糟，止存酒浆，再加烧酒五斤，用坛盛煮，窨清。半月后将前药均沠分为四分，做绢袋四个密缝入坛，每袋药可浸酒四十斤，待百日足方用。若至经年，味足尤妙。

蜜蜡酒方

蜜蜡，为细末，一两。上好米烧酒一斤同入好磁礶内，箬叶扎好封口严密。入滚汤内煮一小香或浸七日，空心任意饮之随量。此方传自异人，能兴阳暖肾，坚久固精。服至一月后，夜度十女。蜜蜡但可买琢工之真末可也。

雪径传浸酒方

烧酒，二十斤。圆眼肉，十两。红枣肉，六两。胡桃肉，六两，去衣。何首乌，六两。生地黄，六两。枸杞子，六两。麦门冬，四两。川牛膝，四两。白茯苓，四两。甘菊花，三两。广陈皮，二两。白蜜，四两。南烛膏，四两。上药惟蜜与南烛膏竟倾入酒中，余皆囊盛浸酒中，数日可服。一月后将囊药舂烂，仍入囊中浸之。两月后去药存酒，小

① 上：原作右，因排版格式由竖排到横排改，后同。

瓶内密贮，每服三五盏，甚益人。此酒可畜[1]数年不败。

灵验延寿酒方

羯羊油，肥者三斤，取其制淫羊藿也。淫羊藿，三斤，叶更妙，为末去根。头红花，二斤。肉苁蓉，咸而红者，一两；酒浸去甲并心膜，再浸去咸味。甘菊花，一两，酒洗净，晒干。广木香，一两，去皮。破故纸，净水洗，酒拌，隔纸炒香。宿砂仁，一两，水洗，微炒。白术，一两，泔水浸，土炒。五加皮，四两。大甘草，二两。当归身，四两。杜仲，一两，炒，去丝。地骨皮，四两。天门冬，四两。生地，二两，酒洗，切片。川牛膝，一两。川椒，一两。白芍，一两。大丁香，一两。白茯苓，四两。熟地，二两。白豆蔻，一两。麦冬，一两。枸杞子，五两。沙苑蒺藜，五两。人参，三两。上药每味照分两，用糯米二斗，好面曲四斤，将米蒸熟，凉冷，略存温性，再用羊油入锅化开。将淫羊藿杵碎，投入热油内，拌匀，同入饭内。红花亦同入饭内。再用火酒十斤合匀，入缸内发三日；再入火酒十斤，又发三日；再用火酒二十斤，再发热。然后澄清，榨入坛内。再将前药共盛绢袋内，入坛封口。三日悬胎煮七香取出，埋土七日服。

---

① 畜：储。

枸杞酒方

甘枸杞子，去根蒂，净十斤。五加皮，三两。圆眼肉，四两。当归，四两。北细辛，二两。苍术，炒黑色，二两。白茯苓，去皮，四两。川郁金，二两。木香，一两。陈皮，一两。冰片，一分。用上好烧酒十斤，浸二日，煮二个时，用此为酒药母，滤去渣，用坛装好，但取饮不拘浓薄酒。每酒十斤，冲酒母一斤，其香美不可言。能明目清心，消风去毒，调气养精，壮阳种子。如爱甜，可入白糖霜，随意多寡。

其他

红醋方

六月初择一吉日，将糯米一斗浸缸中。每日换水，七日后将米蒸熟。饭候冷，数饭几碗置坛中，用麻布扎坛口，七日后下水于坛中，每饭一碗，用水二碗。仍用麻布扎坛口，停七日，用烧红铁火又搅一次，每日一搅。七日后，只用杨木棍，一日一冷搅。约月余，倾出滤成净醋。煎熟加炒米一两，合飞盐半碗。醋成入坛，或小瓶封固，家用甚佳美。

巨胜饭方 即胡麻，乃有积芝麻也

种得一二亩，人几何食三石余，能驻颜。

法制陈皮方

广皮，一斤，滚汤炮去浮筋白，清水过净，滤干听用。青盐，四两。甘草，四两。乌梅，四两。已上四件[①]合为一处，入水六七碗，煎透，去渣滤清。以干陈皮入汁，文火烧渗，药汁以将干为度，取去晒干。仍把药渣复煎汁少许，再入陈皮拌匀烧渗，亦将干为度，再晒干收用。可以消痰，可以止咳，妙甚。

祁门蛋方

每大鸭蛋一百，用松木灰一斗，石灰一升半，盐一斤，将糯米汤调和涂蛋上。每蛋再用干松木灰盖面，入瓮中，藏暖处，两月余取用，色味全美。

糟鹅蛋法

将老糟加盐少许，裹在蛋外，放坛底下，再将淡糟装满，每坛只可放一二枚。一二年方可用。

① 四件：原作三件，据意改。

三风十愆记·记饮馔

〔清〕瀛若氏　撰
何宏　校注

三風十愆記記飲饌

宋洪巽撰暘谷漫錄中有廚娘事。言京都中下之戶。不重生男。每生女。則愛護之如捧璧擎珠。甫長成則隨其資質。教以藝業。用備士大夫採拾娛侍。名目不一。有所謂身邊人。本事人。針線人。堂前人。雜劇人。拆洗人。琴童。廚子等。等級截然不紊。就中廚娘。最爲下乘。然非極富貴家。力稍不足。不能用也。有某宦者。奮身寒素。遨歷郡守。然日用淡泊。不改儒風。偶奉祠居里。便嬖不足使令。於前飲食且大率。郡守因念昔日在都。於某官處晚膳。出廚娘所調羹。極可口。適有便介往京。謾作書友人。囑以物色。皆不屑來。就未幾。友人復書曰。得之矣。其人年可二十餘。近回自某大老第。有容藝。能算能書。當疾遣以詣。不下旬月果至。初憇五里亭。特遣夫先申稟啟。乃其親筆也。字畫端正。歷敘慶賀新禧。以即日伏事左右爲欣幸。末乃乞其煖轎接取。庶成體面。其詞委婉。殆非庸碌女子所及。郡守一見爲之破顏。及入門。容止循雅。紅衫翠裙。參侍左右。乃退。郡守大過所望。於是親友皆議舉杯爲賀。廚娘亦遽請試技。郡守曰。大筵有待。且具常食五

《三风十愆记·记饮馔》书影1 上海国学扶轮社宣统二年（1910年）排印本

三風十愆記記飲饌

宋洪巽撰暘谷漫錄中有厨娘事言京都中下之户不重生男每生女則愛護之如捧璧擎珠甫長成則隨其資質教以藝業用備士大夫採拾娛侍名目不一有所謂身邊人本事人針線人堂前人雜劇人拆洗人琴童厨子等等級截然不紊就中厨娘最為下乘然非極富貴家力稍不足不能用也有某官者奮身寒素遊歷郡守然日用淡泊不改儒風偶奉祠居里便嬖不足使令於前飲食且大率郡守因念昔日在都於某官處晚膳出厨娘所調羹極可口適有便介往京謾作書友人囑以物色皆不屑來就未幾友人復書曰得之矣其人年可二十餘近回自某大老第有容藝能算能書當疾遣以詣不下旬月果至初憩五里亭特遣夫先申禀啟乃其親筆也字畫端正歷叙慶賀新禧以即日伏事左右為欣幸末乃乞其煖轎接取庶成體面其詞委婉殆非庸碌女子所及郡守一見為之破顏及入門容止循雅紅衫翠裙參侍左右乃退郡守大過所望於是親友皆議舉杯為賀厨娘亦遽請試技郡守曰大延有待且具常食五簋五分厨娘請菜品食品質次郡守書以與之食品第一羊頭簽菜品第一葱虀餘皆易辦者厨娘謹奉令舉筆硯開列物料内羊頭簽五分合用

《三风十愆记·记饮馔》书影2　上海文明书局民国四年（1915年）说库本

宋洪巽撰《旸谷漫录》，中有厨娘事。言京都中下之户，不重生男。每生女，则爱护之如捧璧擎珠。甫长成，则随其资质，教以艺业，用备士大夫采拾娛侍，名目不一。有所谓“身边人”“本事人”“针线人”“堂前人”“杂剧人”“拆洗人”“琴童”“厨子”等等级，截然不紊。就中厨娘，最为下乘，然非极富贵家，力稍不足，不能用也。

有某宦者，奋身寒素，遨縻郡守，然日用淡泊，不改儒风。偶奉祠居里[①]，便嬖不足使令于前，饮食且大率。郡守因念昔日在都，于某官处晚膳，出厨娘所调羹极可口，适有便介往京，谩作书友人，嘱以物色，皆不屑来就。未几，友人复书曰：“得之矣。其人年可二十余，近回自某大老第，有容艺，能算能书，当疾遣以诣。”不下旬月，果至。初憇[②]五里亭，特遣夫先申禀启，乃其亲笔也，字画端正，历叙庆贺新禧，以即日伏事[③]左右为欣幸。末乃乞其暖轿接取，庶成体面。其词委婉，殆非庸碌女子所及。郡守一见，为之破颜。及入门，

① 奉祠居里：祠禄制是两宋特有的职官制度，对一些不授实职的中高层官僚，名义上“监某庙”“提举某宫观”，却与官观事务没有太大关系，借名食禄。

② 憇：同憩，休息。

③ 伏事：服侍。

容止循雅，红衫翠裙，参侍左右，乃退，郡守大过所望。于是亲友皆议举杯为贺，厨娘亦遽请试技。郡守曰：“大筵有待，且具常食，五簋五分。”厨娘请菜品、食品质次，郡守书以与之。食品第一羊头佥，菜品第一葱齑，余皆易办者。厨娘谨奉令，举笔砚开列物料，内羊头佥五分，合用羊头十个，葱齑五碟，合用葱五斤，他物称是。郡守心嫌太费，然未欲遽示俭啬，姑从之。翌日，厨役告物料齐，厨娘发行奁，取锅铫盂勺汤盘之属，令小婢先捧以行。熣燦耀日，皆是白金所制，约每器须值廿金。至如刀砧杂器，亦一一精致，旁观为之啧啧称赏不已。厨娘更团袄、围裙、银索攀膊，掉臂入厨房，据胡床[①]坐。徐起切抹批脔，快熟条理，直有运斤成风之势。其治羊头也，漉置几上，剔留脸肉，余悉掷之地。众问其故，厨娘曰：“此皆非贵人所食也。”众为拾起，顿置他所。厨娘笑曰：“若辈欲食狗子食耶？”其治葱齑也，取葱辄微过沸汤，悉去须叶，视碟之大小分寸而截断之，又除其外数重，取条心之似韭黄者，淡酒盐浸渍，余悉弃，了无所惜。

① 胡床：古时一种可以折叠的轻便坐具，功能类似小板凳，但人所坐的面非木板，而是可卷折的布或类似物，两边腿可合起来。

凡所调和，馨香脆美，济楚细腻，食之举箸[①]无余，亲朋相顾称好。既彻席，厨娘整襟再拜曰："此日试厨，幸中台意，乞照例支犒。"郡守方迟难。厨娘曰："得毋等检成例耶？"乃探囊取数幅纸以呈曰："是向在某官所得支赐判单也。"郡守视之，其例：每大筵，则支犒钱十千缗、绢廿疋[②]，常食半之。数皆足，无虚者。郡守不得已，为破悭，强给之。私叹曰："吾辈力薄，此种筵宴[③]，岂宜常奉？此等厨娘，岂宜常用？"不旬日，托以他事，善遣之去。

此北宋时风俗也。群尚饮食，虽素俭之郡守，不免俗情，况今日之华靡成性者乎？前所纪畜女优，谱时曲，酣歌恒舞，所谓巫风已尽矣！然尚鬼之俗，必牲牷[④]告备，而尸祝乃缓节以安歌；好乐之场，必肴馔精致，而朋侪乃式歌而且舞。则求精于肴品者，乃酣歌恒舞之媒也。用是附之巫风云。

邑中食物之求丰求美，始于典商[⑤]方时茂家。每宴客，率以侈泰，碗以宋式为小，易以

① 箸：筷子。

② 疋：同匹。

③ 宴：宣统本作晏，据说库本改，意同。

④ 牲牷：古代祭祀用的纯色全牲。

⑤ 典商：开当铺的商人。

养文鱼[1]之大者。碟以三寸为小，易以盛香圆之大者。煮猪蹄，甜酱、黄糖，全体而升诸俎，谓之“金漆蹄撞”。烧羊肘，白糖、白酒，全体而升诸俎，谓之“水晶羊肘”。烧鸡及鸭，每俎必双，亦全体不支解。他品率称是，一时富家争效之。而明时庶人宴饮定制，器用浅小，簋止六，或缺其一，间用木，刻鳞像鱼形，盛诸豆以备其数。至此，其风大变矣。

于是钱副使者，富而官，宦而益富。里居时，好宾客，其夫人克勤中馈职，善造酒馔，所取以新、清、精三字为上品。其著闻于邑者，数种，今列于左：

羊腰：从刲[2]羊者买归生腰子，连膜煮酥取出，剥去外膜，切片，用胡桃，去皮捣烂，拌腰炒炙，俟胡桃油渗入，用香料、原陈酒、原酱油烹之。味之美，熊掌不足拟也。或无羊腰，即用猪腰，如前法制之，并佳。

鳖裙：鳖自江北贩来者，不用，惟用产于河里者，宰之，略煮取出，剔取其裙，镊去黑翳，极净纯白，略用猪油爆煿，和姜桂末，乃出供客。入口即化，异味馨香，咸莫知其为鳖也，因别其名曰“荤粉皮”。

---

① 文鱼：金鱼的一种。

② 刲（kuī）：杀，宰。

蒸野鸭：家鸭肥浓，不足贵也。必野鸭之网得者，去毛极净，乃空其腹，用五香和甜酱、酱油、陈酒实腹中，而缝其隙，外用新出锅腐衣包之，乃蒸；蒸烂去皮，自颈至腿，节节开解之；抽其骨，止存头脚，仍用全体。再用五香、甜酱、酱油、陈酒等料，入原汁中，微火爊之，视汁将干，乃取出供客。余若山中华鸡、刺蝨鹰等物之有脂者，皆用腐衣包裹而蒸，故脂不漏而腴。

鸭舌：从厨司[①]家或酒馆中，广取得之，熟而去其舌中嫩骨，竖切为两，同笋芽、香菌等，入麻油同炒，泼以甜白酒浆，客食之，疑为素品中麻姑[②]之类，而味不同，此为杂品中第一。

雄鸡冠：亦厨司家、酒馆中收得者，绢裹置藏糟中，经宿亦用麻油、甜白酒浆，同笋芽、香菌等炒之，客嗜其味，莫知为何物，此为杂品中第二。

鸡鸭肾：亦收之厨司家、酒馆中，沃以酒浆，取泉水煮为羹，和以鲜笋芽或鲜嫩松花菌，味美异常，此为杂品中第三。

---

① 厨司：原作厨师，据后文改。指没有固定营业场所，带厨具到家里包办酒席的厨子。

② 麻姑：即麻菇，食用菌的一种。

鸽蛋，先期付钱于养鸽者，逐日收积。白汤煮熟，去壳，廿颗圆匀，光白可爱，作汤点。又香莲米。磨粉为团，松子仁入洁白洋糖，捣烂为馅，与鸽蛋并陈作汤点，客或携归二三枚，香气满袖。此为汤点中胜品。

鲫鱼舌：亦广收之厨司家、酒馆中者，白酒浆沃之，泉水煮为汤，略掺细葱心一撮，作酒后汤品，极为清贵。

青鱼尾：选青鱼之大而鲜者，断其尾，淡水煮之，取出劈作细丝，抽去尾骨，和笋、菌、紫菜为羹，或研胡椒末，调白莲藕粉作腻，而滴以米醋少许。酒后啜之，神思爽然，味回于口。此又羹汤中别具一种风味也。

以上数种，过于求美。然浓肥之味，十不列一，尚有卫生颐养遗意，抑或非厥性所好也。而好胜者必踵而增华，而副使者，新、清、精三字为食上品之风，又为之一变。

于是太原赵氏以蒸鳗擅誉，颍川氏胜之以无骨刀鱼，徐厨夫以炖鲥鱼鸣技于春时，邵声施家则胜之以四时皆有。事辄翻新，实古昔先民口所未尝也。

蒸鳗择肥大粉腹者，去肠及首尾，寸切为段，拌以飞盐，排于镟中，沃以甜白酒酿，隔汤炖之。数沸后，加以原酱油，复煮数沸，视其脊骨透出于肉，就镟内箝去其骨，然后用葱椒拌洁白肥猪油，厚铺其面，入锅再炖。数沸，视猪油融入镟底，乃出供客，此味最浓厚。贪于饮食者，一言及口中津每涔涔下也。

而颍川氏曰："是未足奇也。"春初刀鱼，先于总会行家下钱，凡刀鱼之极大而鲜者，必归陈府。令治庖者从鱼背破开，全其头而联其腹，先铺白酒酿于镟中，摊鱼糟上，隔汤炖熟，乃抽去脊骨，复细镊其芒骨至尽，乃合两片为一，头尾全具。用葱椒盐拌猪油，厚盖其面，再蒸之。迨极熟，不更置他器，举镟出供，味鲜而无骨，细润如酥。至未及请举箸，而客先欲染指而尝矣。

鲥鱼本美味，为南方水族中贵品。向用蒸，或用煮。自厨夫徐姓者，约略如王氏蒸鳗，陈氏蒸刀鲚制。但加洁白洋糖，不切段，不去鳞，味更腴而鲜洁。视他种煮法，尤觉风味不同，人皆争嗜之。然春尽则有，夏尽则无，未能常继也。

乃邵氏宴宾，虽在秋冬，皆具。客问何来，邵曰："其来不易。春将暮，命仆之善腊鱼者，携银钱及洋糖、椒末、飞盐、上好藏糟等料，舟载至海头，坐居停主人家。俟渔人一得鱼，即去肠留鳞，用洋糖实其腹中，搽之鳞上，随用藏糟厚铺瓮底，加椒末、飞盐若干，放入鱼；又用糟厚盖其上。又加椒末、飞盐若干。积满瓮口，手拳筑实，细泥封固。至家，必掘地窖贮之，恐炎天溃败也。"客述主人言如此，然此犹未若食河豚者，事更烦且重也。

虞邑[1]边海，春日多河豚。人皆知其有毒，食之者少。自李子宁起家牙行[2]，讲于饮食，隔年取上黄豆数斗，拣纯黑及酱色者去之。复拣其微有黑点及紫晕者去之，纯黄矣，必经他手再拣，逐粒细验。乃煮烂，用淮麦面拌作酱黄，六月中入洁白盐合酱稀少，作罩，晒之烈日中。酱熟入瓮，覆之瓮盆，用灰封固。名曰“河豚酱”。据云：豆之黑色、酱色及微有黑紫斑者作酱烧河豚，必杀人。而晒酱时，或入烟尘，烧河豚，亦有害，故必精细详慎如此。其治河豚也，先令人至澄江[3]，舟载江水数缸，凡漂洗及作汁等水，皆用江水为之。河豚数双，割去眼，抉出腹中子，刳其脊，血洗净，用银簪脚细剔肪上血丝尽净，封其肉，取皮全具，置沸汤煮熟取出。纳之木板上，用镊细箝其芒刺，无遗留。然后切皮作方块，同肉及肪[4]和骨，猪油炒之，随用去年所合酱入锅烹之，启镬时，必张盖其上，蔽烟尘也。用纸丁蘸汁，燃之则熟，否则未熟。每烹必多，

① 虞邑：指江苏常熟县城虞山。

② 牙行：为买卖双方说合、介绍交易，并抽取佣金的商行或中间商人。

③ 澄江：江苏江阴市澄江街道。

④ 肪：宣统本作昉，据说库本改。

每食必尽，而卒无害，以是著名于时。年年二三月间，朋党辄醵钱[1]聚会于其家，上下匆忙，竟似以河豚为一年大事。饕餮淋漓，恣啖为快。春初及夏初，殆无虚日。

至于邑人尤有可笑者，蟹出覃塘[2]为最肥，大爪黄者谓之“金爪黄蟹”，向用煮。不知何人，以煮则黄易走漏，味不全，忽起巧思，用线缚入蒸笼蒸之，味更全美，斯足饫矣。乃有周四麻子者，自都中归，又翻一新法，为爆蟹。遂开酒馆于西城，秋时来顾者，昼夜无虚席。其法将蟹蒸熟，置之铁节炭火炙之，蘸以甜酒、麻油，须臾壳浮起欲脱。二螯八足，骨尽爆碎，脐肋骨皆开解，用指爪微拨之，应手而脱，仅存黄与肉，每人一分，盛一碟中，姜醋洗之，随口快啖，绝无刺吻抵牙之苦。其术秘不肯授人，人虽效其法炙之，蟹焦而骨壳如故。或云：彼于春夏时，赂丐者捕蛇千头，剥皮煮烂，蛇肉浮起成油，贮之于器，隐取用之炙时。所云麻油者，实则蛇油也。人信为然。不三四年，人无爆蟹者。于是邑中仍兴食蒸蟹会，始自漕书[3]及运弁[4]为之，每人各

---

① 醵（jù）钱：凑钱，集资。

② 覃塘：疑为潭塘，今江苏常熟辛庄镇潭塘村。

③ 漕书：办理糟粮的书办、记账等管理漕运的低级官员。

④ 运弁（biàn）：古官名，低职的押运武官。

有食蟹具，小锤一、小刀一、小钳一。锤则击之，刀则划之，钳则搜之。以此便易，恣其贪饕，而士大夫亦染其风焉。是时海禁严，凡海错之自闽广者，贵于白金。人仅恣口于本境易致之物。未几，海禁弛，珍错毕至。于是士大夫以为宴客无海味，不足为观美。席中首品，必用大菜。大菜者，燕窝也。彼处须五六金一斤，至苏必倍之。其他若鲨翅、密刺[1]等物，间以供客，人又忽尝异味不思鱼肉矣。

食味已尽，讲及器皿，某品宜用哥窑；又某品虽恒有，宜用宣窨。味取诸远来，器取诸上古。前此浓味饕餮之风，忽又一变。于是孙封公[2]著《同嗜录》，陆比部有《食经注》。虽一时游戏之笔，亦见攸好之同。后君子循览斯篇，其谓之何？

偶忆旧闻，故明时有沈三胖者，居北乡，富于财，每食辄杀数牲，犹世苦无下箸处。其妻好淡泊，屡劝其惜福无太侈，不听。年五十后，财尽乏食，依栖一室。妻以菜羹进，稍入口即呕，宁忍饥不食。一亲戚馈以熟肉一盘，一飧即尽。缘肠胃饿损，过饱而死。其妻与一

① 密刺：鱼翅的一种。

② 孙封公：可能是湖州菱湖人，见姚彦渠《菱湖志》卷三《杂记门》："孙封公首倡义举，设两粥厂分赈，东南施粥于证莲庵，西北施粥于祇园寺。"

老婢纺织存活。值岁饥，市无米者已浃旬[1]，自分与老婢必皆作饿鬼。忽思园中有衍蔓于高树者，或是山药，掘之可食，当延残喘一二日。乃令老婢掘其根，得一物如东瓜[2]形，盖何首乌也。乃取而食之，每晨各食一片，至夜不饥，而神气日旺。半年乃尽，而岁已丰，米多价廉，仍得存活。一日因爨[3]下无薪，破屋中所铺木板已朽，令老婢拆为薪。婢入忽随板而陷，盖板下乃窖也。别无他物，惟泥封酒瓮五十具，启之皆似水，结冰半寸许。有邻翁闻之来视，诧曰："此上首房主人所藏醴也。鼎革[4]时，兵乱，主人移居于乡，遂遗忘耳，迄今已三十余年。此酒真琼浆矣，其面上凝结为冰者，乃酒之精华无疑。"乃皆取而尝之，略无酒味，而三人不觉酩酊大醉。邑中好事者争欲购得之，每瓮予价廿金。沈妻以是衣食颇足，终其天年。

---

① 浃（jiā）旬：一旬，十天。

② 东瓜：即冬瓜。

③ 爨（cuàn）：指灶。

④ 鼎革：改朝换代，这里指元朝被明朝所代替。鼎与革分别是《易经》中的两个卦象。

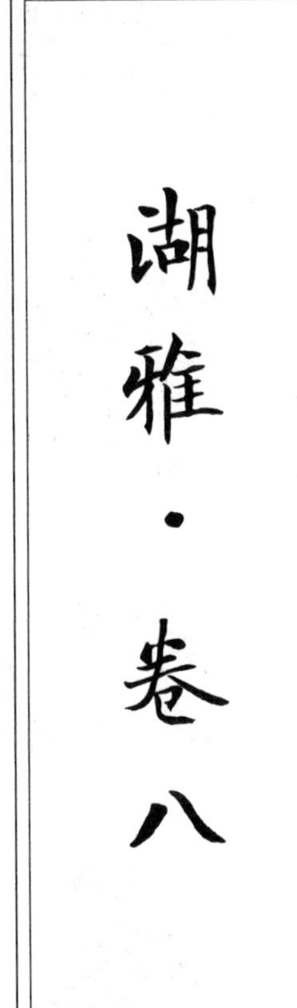

湖雅·卷八

〔清〕汪日桢 撰
何宏 校注

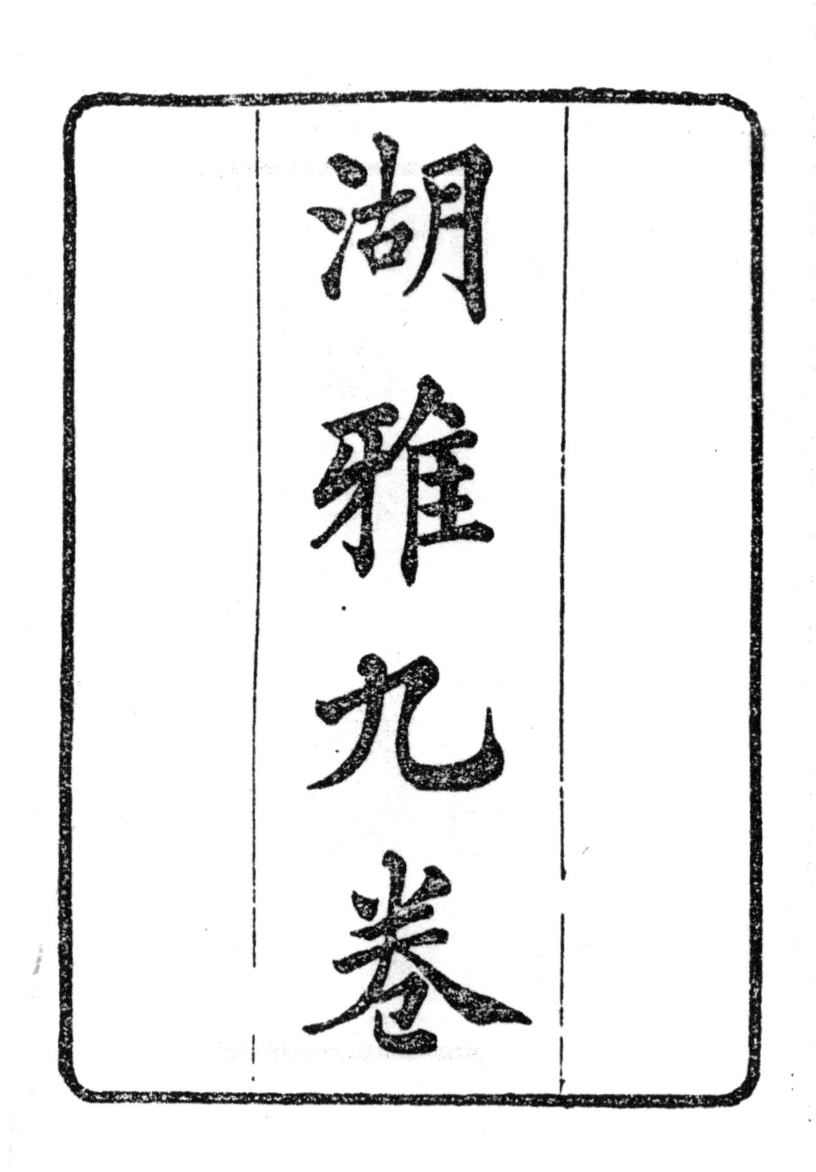

《湖雅》书影1

率蒸熟米粉羼其面飾以臙脂爲祀神之用亦呼滿籠

八寶粥　按粳米雜果品和餹爲粥曰八寶粥夏日用綠豆曰綠豆粥十二月八日僧尼以八寶粥饋遺檀越名臘八粥人家亦或用之

藕粥　按以粳米實藕煮之爲熟藕和汁食之曰湯藕專取其汁曰藕粥

○烹飪之屬

魚鮓　骨淡鯗　談志唐吳昭德善造鮓時人嘲之曰鮓若遇吳饊細花鋪若非遇吳費醋及葫江東呼蒜爲葫東坡云吳興庖人斫松江鱸鮓亦足一笑鄉土以之爲

《湖雅》书影2

造酿之属

冬舂米

《乌程刘志》[1]："湖米多用冬舂贮草囤中，至春夏热透色黄方开用。吴兴泽国米之用囤，以水气故也。最精者，四糙冬舂耳。"

《南浔[2]志》：舂米白，则以小筛，去其糠粞或一舂即止，谓之大一糳。或筛后再舂，则米愈白净，谓之双糙。他处有三糙、四糙者继，乃扎稻草为圈，每圈高约二尺，层叠增高，名曰囤。先用菜叶、麸皮，以稻草扎缚成团，高数尺，植立囤心，曰发头。然后将米入囤，旬日后发头蒸热，湿气上冲，急用砻糠隔麻布脚，袱以收之。随湿随换，务收尽其湿，而后止，则米黄白停匀，不霉不蠹，所谓冬舂米也。有用石灰烧酒滚水入发头内，则一二日即蒸热，数日即开囤，名曰发极。冬舂倘开囤湿稍迟，米即黑烂，市肆每用以搀入冬舂鬻[3]之。

按：冬舂固以米白为贵，然其功全在蒸变得法。得法则双糙已足，不得法虽三糙、四糙无益也。开囤时米色黄白停匀，俗谓之花色

①《乌程刘志》：即由刘沂春修，徐守纲、潘士遴纂的崇祯《乌程县志》。

② 南浔：今浙江湖州市南浔区南浔镇。

③ 鬻：卖。

好，此为最上；若黄深近赭，即非上品；甚至变黑，名曰乌丁头，则最下矣。或米粒不完，曰膻碎；尘灰太多，曰埲埻；并宜以风车扇净始佳。不用发头者，曰冷摊米，色虽白亦所不尚，以其煮之不胀，食之味淡也。

蒸炒[1]米

《湖录》[2]：有二种，有蒸谷而舂者，有炒谷而舂者，与冬舂黄米皆取其胀，耳鸣呼吾乡人岂乐为此哉？农夫终日勤动，朝饔夕飧若用白粲，须得二升犹不足以果其腹，故不得以而为之计。冬舂蒸炒，日食升许足矣，明知自欺以俭其口腹。土瘠民贫，吾乡为甚。上而杭绍[3]，下而苏松[4]，皆不然也。

按：今冬舂用秔[5]行于东北乡，东至嘉兴，渐及苏州而止。山乡人辄呼曰：坏米不欲食之。蒸炒用籼，行于西南乡，西至广德，渐及宁国而止。籼米味淡，必经蒸炒，甘味乃出。郡城亦多食此，而东乡人不惯食之。他处

---

① 炒：原作煼，后径改。

②《湖录》：清代郑元庆（1660—1730年）撰《湖录》一百二十卷，今存部分稿本。

③ 杭绍：今浙江杭州、绍兴。

④ 苏松：今江苏苏州、上海松江。

⑤ 秔：同粳。

无不积谷，随时砻碾，谓之谷裹。新湖地卑湿藏谷必霉，冬春蒸炒，诚皆出于不得已，宜其行之不广也。《湖录》所云，颇悉民隐。

陈米

按：即药品陈仓米也。冬春开囤后，择佳者二三斗，盛以麻苎布袋俟。新冬春上囤时，复附入囤中，次年开囤取出，名曰陈米，有入囤三次者尤佳。最宜供病人食，易于销化，开胃健脾，并可治疾。《本草纲目》："陈仓米，有水浸、蒸晒、火烧诸法，今皆不用，较便安妥。"

酒

《大清一统志》："湖州府土产酒：张景阳七命酒，则荆南乌程。荆南者，荆溪之南也。"又《元和志》[①]："长兴[②]若溪水酿酒最酽，俗称若下酒。《旧志》：今沈氏三白酒甲江南。"

《谈志》[③]：乌程美酒。《吴兴新录》[④]：秦时

---

①《元和志》：即《元和郡县图志》，唐代李吉甫（758—814年）撰，现存最早的古代总地志。

② 长兴：原作长城，据意改。长兴，今浙江湖州市长兴县。

③《谈志》：即《嘉泰吴兴志》，是南宋嘉泰年间（1201—1204年）官方编修的一部地方志，由知府李景和等修，归安（今浙江湖州）谈钥纂。

④《吴兴新录》：南宋时吴兴地方文献，已佚。

程林、乌巾二家以酿美酒，因得名。

《劳志》[1]：“张景阳[2]《七命》云[3]：酒，则‘荆南乌程’。注：荆溪之南，非江陵之荆南也。《旧志》云：长兴有荆溪，即此。”

按：荆溪本在乌程，后置长兴，故荆溪在长兴境内。长兴又有下若村，出美酒。

按：《七命》乃有“荆南乌程、豫北竹叶”。李善注盛宏之《荆州记》曰：“渌水出豫章康乐县其间乌程乡。有酒官取水为酒，酒极甘美，与湘东酃湖酒年常献之，世称酃渌酒。”《吴录·地理志》曰：“吴兴乌程县，酒有名。”兼存二说，并不云乌程在荆溪之南。《劳志》所引本文及注并异，当别有据。余意似当为四处酒名此。牵荆南入乌程与《荆州记》牵乌程入荆南，皆强合为一，似未足信。

《安吉刘志》[4]：荆溪已属安吉[5]，昔以酒得名，今无善酿者。

《乌程刘志》：酒有三白，“谓白米、白曲、白水也。”

《舆地纪胜》：箬溪在长兴县，溪上悉生箭

---

①《劳志》：明代劳钺修、张渊纂的成化《湖州府志》。

② 张景阳：西晋张协（？—307？年），字景阳，撰《七命》。

③ 云：《湖雅》缺此字，据成化《湖州府志》（即《劳志》）加。

④《安吉刘志》：清代刘蓟植等纂修的乾隆《安吉州志》。

⑤ 安吉：今湖州市安吉县。

箬，南岸曰上箬，北岸曰下箬，二箬皆村名。村人取下箬水酿酒，醇美胜于云阳，俗称下箬酒。韦昭《吴录》[1]：乌程“箬下酒有名”。山谦之《吴兴记》[2]云：上箬、下箬村，并出美酒。白居易有《钱湖州寄下箬酒》诗曰：“劳将下箬忘忧物，寄与江城爱酒翁。”刘梦得诗云：“鹦鹉杯中箬下春。”

《吴兴杂录》[3]：县以乌程二姓酿酒得名。古有乌乡，乌氏所居之乡也。今亦有乌林村，汉梁孝王兔园，会招文士邹枚[4]、司马相如之徒赋乌乡酒。

《若下酒疏》[5]：“读邹阳赋而若下名于简编矣，若水自罗岑、乌瞻、合溪东注，厥色清轻，厥味元洌，水所从来，多炭、洞、砾、涧，无土气，故宜酿。今所谓浮螘[6]星沸，飞华蓱[7]接者，而旧家遗俗，犹能庸心此道，而要以陈者为佳。苏公云：‘笔用新，墨用陈；

① 韦昭《吴录》：三国韦昭（204—273年）撰《吴书》，晋代张勃撰《吴录》。此处应为张勃《吴录》。

②《吴兴记》：南朝宋山谦之（？—454？年）撰。

③《吴兴杂录》：明代张安国所撰。

④ 邹枚：西汉邹阳（前206—前129年）、枚乘（？—前140年）的并称，二人均善辞赋。

⑤《若下酒疏》：明万历长兴县令熊明遇撰。

⑥ 螘（yǐ）：同蚁。

⑦ 蓱（píng）：同萍。

茶用新，酒用陈。’予试之良然。其法于六七月，以麦面之精良者，杂白水作曲，置阴风中，令燥。久而表里纯素，精凿[1]秫[2]为白粲[3]，率石致八斗，淘通甕中，十数滤，饎成，约曲水，裒入酒酵，内[4]瓮中，候嘈嘈有声，以木杔撩通其气，不惮再三，声息而止。月余，淀以密缯，莹然，分贮罂饼，而酿成矣。即饮为新酒；久者，经一二岁黄梅雨，为陈酎。新酎冽，陈酎醇。吴中率用此法，独若下为古人所名，则水之以也。”

《长兴张志》[5]：小雪前后，民间酿酒，谓之小雪酒，藏至次年，色清味冽，盖此时水极澄澈故也。水用光竹潭、竹山潭、画溪者佳。三白酒即以季冬酿之，即邹阳赋中三箬之酒也。

《长兴韩志》[6]：若下三白投以香药，不下数十种，而以福橘、头二蚕沙、梅花、松节为最佳。

《暇老斋杂记》[7]：乌程之酒。弟昆山而子。

---

① 凿：杵。

② 秫：黏米。

③ 白粲（càn）：精凿之粟。

④ 内：同纳。

⑤《长兴张志》：清代张慎为修编的顺治《长兴县志》。

⑥《长兴韩志》：清代韩应恒修编的康熙《长兴县志》。

⑦《暇老斋杂记》：明代茅元仪（1594—1640年）撰笔记。

吴江王元美[1]颇深此道，乃曰：独媿[2]乌程酒，虚名似督邮[3]。盖数十年前，原稍逊今日，而佳酒在名家。元美当时所狎者又非知味，故入官长口者，市酤不堪耳。此不知湖州负元美，抑元美负湖州也。

《天下名酒记》[4]：湖州酒，"碧澜堂，又雪溪"。

《吴兴备志》[5]：又有六客堂酒，见《武林旧事》[6]。

杨《诚斋集》[7]：有谢湖州太守王诚之送百花春诗。

《石屏新语》[8]：酒，乌程有清香，三伏取莲花卷酒，莲柄吸之，谓之碧筒酒。

《武康刘志》[9]：酒有夹酒、春分酒、粥酒诸名。

《长兴谭志》[10]：箬下酒本与乌程齐名，余

---

① 王元美：即王世贞（1526—1590年），明代文学家、史学家。
② 媿（kuì）：同愧。
③ 督邮：劣酒、浊酒的隐语。
④《天下名酒记》：即《酒名记》，北宋张能臣（字次贤）撰。
⑤《吴兴备志》：明代董斯张（1587—1628年）撰方志。
⑥《武林旧事》：南宋周密撰笔记。原文为《武陵旧事》，误。
⑦《诚斋集》：南宋杨万里（1127—1206年）撰别集。
⑧《石屏新语》：南宋戴复古（1167—1248？年）撰笔记。
⑨《武康刘志》：清代刘守成修编的乾隆《武康县志》。
⑩《长兴谭志》：清代谭肇基修编的乾隆《长兴县志》。

溢长六年从未识酒味之美。要之水。无今昔酿之者自异耳。若溪酒有名翠水者。见《杨铁厓集》。

《长兴邢志》[1]：箬下，今方溪水。箬下三白，有五加皮酒。

《南浔志》：三白为上，梅花、福橘、甘菊、五加皮之类，随意和酿，或取其香韵，或取其裨益优劣，以曲之粗，细米之精糙为差，而浔之独胜者以水耳。三白俗称之曰好酒，酿自腊月者为冬酒，较春酒尤能久贮，取浔溪河水酿之，因得浔酒之名。又有状元红、香雪、小春、绿豆诸种好酒，亦曰黄酒，必煎熟，然后盛瓮封泥，故冬曰冬煎，春曰春煎，末煎者曰生泔酒，味鲜而不能久贮。

《湖录》：三白酒，冬月酿之，春酿曰桃花酒，稍逊于冬，恐不能久贮也。若下之名著矣，今未闻有美酒。唯郡城溪流清冽，酿酒最佳。司酿者皆姑苏洞庭山人，称酒大工。酿既成，以花果之类随意投入，味益加美，与乌程

①《长兴邢志》：清代邢澍（1759—1823年）修编的嘉庆《长兴县志》。

之南浔[1]、归安[2]之菱湖[3]争胜。声闻辇下[4]，曰南酒，曰浔酒云。

按：昔有湖人特造短水三白酒百余瓮，仿绍兴酒法，附粮艘至都中，及开饮，瓮瓮皆酸，并为弃物。乃知湖酒虽佳，不能致远，远不及绍酒也。此云声闻辇下，不过以载入《一统志》耳，亦乡曲之夸词而已。

《随园食单》[5]："湖州南浔酒，味似绍兴，而清辣过之。亦以过三年者为佳。"

《宝前两溪志略》[6]：射村[7]酿酒最佳。他处春酿者不能久贮，唯射村酿者能经年。以溪水清冽故耳。

《胡志》[8]：《孝丰获浦谈志》云：酒坊有名，酒坊巷在乌镇[9]，旧有酒务。

---

① 南浔：今湖州市南浔镇。

② 归安：乌程、归安原为二县，1912年合并为吴兴县，1981年撤销吴兴县并入湖州市。

③ 菱湖：今浙江湖州市菱湖镇。

④ 辇（niǎn）下：京城。辇：古代用人拉着走的车子，后多指天子或王室坐的车子。

⑤《随园食单》：清代袁枚（1716—1798年）撰饮食书。

⑥《宝前两溪志略》：清代吴玉树纂。宝溪在旧归安县，前溪在旧乌程县。

⑦ 射村：今湖州市南浔区菱湖镇射中村。

⑧《胡志》：乾隆四年（1739年）知府胡承谋编《湖州府志》。

⑨ 乌镇：今桐乡市乌镇镇，原属湖州府乌程县。

按：今有煎酒，时以鲜青鱼[①]置瓮中者，及开瓮，鱼唯存骨，酒味鲜浓，名青鱼酒。又有酽而甜者，名福珍酒，即状元红也，或多投香药，实夺酒味。佳酒必不杂他物，真味乃全。

酒孃　冬酿酒　白酒　茅柴酒　煮酒　煨熟酒

《乌程刘志》："白酒，暑月间煮熟，或入竹叶或荷叶，芳烈而清，名碧香清。""又有茅柴酒，以茅易燎，而白酒易醒也。"

《长兴韩志》：白酒，四时有之，而小雪造者呼为十月白，尤为佳品。以此时一阳之气皆在下，故水重而味厚也。

《避暑录话》[②]：旧得酿法极简易，盛夏三日辄成色，如湩酪不减玉友。

按：此即酒孃也，味最甘。

《宝前两溪志略》：三白，先以米浸一月，以水沥之使净，而后蒸成饭，杂以白曲、陈皮、花椒酿之，非但饭不淘，而米亦未尝淘焉。唯酿白酒必须淘饭，其法以陈糯[③]米浸四五日，蒸作饭，贮于大萝，河中淘之，杂以酒药，其药十八味，云是沈东老所传，酿之

---

① 青鱼：原作鲭鱼。今鲭鱼指一种海产鱼，据今意改。

②《避暑录话》：宋代叶梦得（1077—1148年）撰笔记。

③ 糯：原作稬，后径改。

十八日成酒矣。味甘、色白、性纯美，胜他酒，即十八春也，一名十八仙，一名酒孃，一名浆头酒。再入溪水酿一夜，沥之，是为白酒，味辛暴矣。

《湖录》：白酒，有八月白、秋露白、十月白、过冬清数名，水长味薄，唯取其色，煮酒热酒。唯德清[1]盛行。

《南浔志》：东阳酒，亦曰冬酿酒，以白酒代水，再如造白酒法作之，盎然色碧、味甘，为他处所无。

按：近时以桂花白酒为尚，冬酿酒尤其佳者。茅柴、煮酒皆为下品，最下者煨熟酒，亦呼热酒是也。白酒脚可蒸烧酒，可造糟油，或用以烹蔬腐、煮汤饼，其味颇美，湖人冬月多嗜之。

烧酒

《湖录》：烧酒，以好酒糟烧之，取其上蒸之气。

《南浔志》：以糟烧为上，粞烧次之，麦烧为下。

按：用大甑蒸取气水，亦称火酒，以着火能燃也。又有以酸黄酒蒸者，与糟烧无异。白

① 德清：今德清县乾元镇，为德清老县城。

酒脚亦可蒸，较劣。或浸杨梅，曰杨梅烧；红枣，曰枣子烧；绿豆，曰绿豆烧；薄荷冰糖，曰冰雪烧。

蜜淋漓

按：酒孃、烧酒各半，和匀为之。

又按：俗称如此。作此三字，未知何义？字书无“漓”字，当是“濝”之别体。或云，宜借用果名林檎二字，然义亦不近。

醋

《宝前两溪志略》：凤林在前邱西张鸶，龙筋凤髓判点以凤林之醋，今凤林南尚有醋店村。

《双林[1]志》：俗呼老酒。

按：糯米蒸饭，酿成为米醋。有用酸黄酒投以饧糖、角黍[2]，日日以烧红之火钳、火叉搅之，乃改造成醋者，即饧醋也。醋中结成醋肚，俗呼醋仙人，日夜旋转不停，停即散，而醋坏，故有仙醋之名。今市肆皆称老酒，以醋错同音故，讳言之。

---

① 双林：今浙江湖州市南浔区双林镇。

② 角黍：即粽子。

糟　糟油

《双林志》：香糟，即好酒糟。糟油，以白酒脚搀入黑芝麻并及香料，澄清取用。糟油脚亦佳。

按：腊月酒糟为佳，可糟鱼肉瓜姜，酒孃糟尤佳。糟油可代清酱之用。

酱　酱油

《双林志》：酱，有白霜降、黑霜降之名。

按：有面酱、有豆酱、有麸酱。又有清酱，曰酱油。凡酱肆皆称酱园油。

《安吉刘志》：菜油，收菜子打油，各郡皆有油车。桐油，收桐子榨之油，可黝门、窗器物，灯火闾[①]用之。

《乌程刘志》："湖人常食，多用猪油，惟斋素用豆油、菜油，间用芝麻油，而灯火止用豆油，妇女抹发则用菜油。"

《南浔志》：菜油，用油菜籽所榨；豆油，则用黄豆。二油价每相似。虽菜籽为本地土产，而价与米等，原非贱物，不特斋素用之，即平时常得食油者，已为温饱之家，刘志云云，可想见当时民殷物阜也。又棉花子所榨曰

① 闾：里巷，指老百姓家。

青油，市肆每以掺入菜油。

油饼

《湖录》：豆饼、菜饼，乃农家壅田、餧[①]猪之用。花饼者，收棉花子打油，油曰青油，其饼可作牛食，出南浔。

《安吉刘志》：桐油饼亦可壅田。

《南浔志》：饼榨油后所存之渣滓也。向在淮北见舟人以豆饼和赤籼炊饭，饱餐且盛称其滑美。南人则唯凶年偶取以济饥，平时无食之者。

按：俗呼豆饼，曰襄饼。《旧志》：豆饼、菜饼、花饼，并入器用，非也。

蜜

《大清一统志》：湖州府土产蜜。《唐书·地理志》："湖州土贡[②]。"《谈志》："唐岁贡……白蜜三石。"

蜡

按：蜡为蜂蜜之滓，有黄白二色，而统名黄蜡，以别于蜡虫所造之白蜡也。白蜡来自蜀

---

① 餧：同喂。

② 湖州土贡：见《新唐书·地理志》："湖州吴兴郡，上。武德四年以吴郡之乌程县置。土贡：御服、乌眼绫、折皁布、绵、布、纻、糯米、黄、紫笋茶、木瓜、杭子、乳柑、蜜、金沙泉。"

中，非湖产。

糖

《乌程刘志》："糖，有荷梗糖、葱管糖、寸金糖、芝麻糖。"

《德清侯志》[1]：有糖果。

《湖录》：线板芝麻糖出菱湖，又有浇成糖人及寿桃、鹤鹿之类，通名糖味。

《南浔志》：今有梨膏糖、十景糖、牛皮糖等名，又有薄荷糖、桂花糖、玫瑰糖、乌梅糖、松子糖，并槌碎，用刻花小范印之成饼，五种分五色。

按：今又有核桃、橄榄仁、长生果[2]、榧子、姜汁等糖，又有酥糖，四安镇著名。此皆蔗糖。所作唯荷梗、葱管、寸金三种，中用蔗糖，外裹饧糖，蔗糖亦名砂糖。

饴　即饧

《湖录》：郡中饧糖盛行。

《仙潭[3]文献》：有餶饧。

《南浔志》：经糖，即饧糖，以糯米麦芽

---

①《德清侯志》：清代侯元棐修编的康熙《德清县志》。

② 长生果：即花生。

③ 仙潭：今湖州德清县新市镇。

为之，纺经[1]必抹此糖，故名。浔镇所出洁白如雪，胜于他处。药肆每取，以掺入蜂蜜中售之。又有青糖，亦饧类，而色黑味劣。

按：饴乃五谷之甘，与蔗糖有别。《旧志》槩[2]名曰糖，并作一条，非也。有制成大块干者，名担糖；小块成饼者，曰糖塔饼；又小者，曰果儿糖，一名荸脐糖；腊月祀灶，必用糖塔饼，谓之灶糖。糖塔饼有馅者，即馅饧也。馅用豆沙，外黏芝麻面。

按：炒麦磨细，俗呼麦麸；炒米为之，则呼米麸。

冻米　泼豮　风枵

按：三物同类。冻米，炒糯米为之；泼豮，即放花糯谷、炒糯谷或野茉莉子为之；风枵，煎糯饭为之。

小粉

按：有小麦小粉，有绿豆小粉，详下二条。

面筋

按：小麦之皮曰麸，水中揉洗成面筋，即

---

① 纺经：纺织的经线。
② 槩（gài）：同概。

湿面筋也。油煠如毬曰油麸。布包湿面筋压干成块，曰干面筋，并素馔所需。其澄出浆粉曰麦粉，亦曰小粉，用以浆衣，亦制为膏药，疡医用之。

麻腐[1]

按：绿豆磨细，曰绿豆粉，澄滤取粉，亦曰小粉。水调豆粉入铜鏇，浮沸汤中摆荡成片，曰粉皮，亦曰片粉；搓豆粉作细长条，挂入沸汤成索，曰索粉，亦曰丝粉，亦曰线粉；以小粉杂芝麻屑作腐，曰麻腐。今多不用芝麻而仍名麻腐，皆素馔所用。小粉为浆紬之用，其水名黄浆。

豆腐

按：磨黄豆为粉入锅水煮，或点以石膏，或点以盐卤成腐；未点者曰豆腐浆；点后布包成整块，曰干豆腐；置方板上，曰豆腐箱，因呼一整块曰一箱；稍嫩者曰水豆腐，亦曰箱上干；尤嫩者以杓挹之成软块，亦曰水豆腐，又曰盆头豆腐；其最嫩者不能成块，曰豆腐花，亦曰豆腐脑。或下铺细布泼以腐浆，上又铺细布夹之，旋泼旋夹，压干成片，曰千张，亦曰

① 麻腐：原作“麻油”，依意改。

百叶；其浆面结衣揭起成片，曰豆腐衣，《本草纲目》作豆腐皮。今以整块干腐上下四旁边皮批片，曰豆腐皮，非浆面之衣也。干腐切小方块油煠，外起衣而中空，曰油豆腐；切三角块者，曰三角油腐；切细条者，曰人参油腐；有批片略煠，外不起衣中不空者，曰半煠油腐；干腐切方块，布包压干，清酱煮黑，曰豆腐干，有五香豆腐干、元宝豆腐干等名，其软而黄黑者，曰蒸干；有淡煮白色者，曰白豆腐干；木屑烟熏白腐干成黄色，曰熏豆腐干；腌芥卤浸白腐干，使咸而臭，曰臭豆腐干。德清之新市及郡城北街、南浔务前，豆腐干并著名。今四川两湖等处设豆腐肆，谓之甘旨店，大率皆湖人也。豆腐渣用以饲猪，亦可油炒供馔，名雪花菜。造腐淋出泔水，洗衣最去垢腻。忌蘆菔[①]，腐浆中入蘆菔，即造之不成。

又按：旧时湖俗性多驯谨[②]，向有“豆腐湖州”之谚，而湖人又特善造腐。又俗目，校官[③]为豆腐官，言其贫不能食肉也。余以湖人

① 蘆菔：即萝卜。

② 驯谨：和顺谨慎。

③ 校官：清代负责管理地方官学的官员，在府一级为教授，在县一级为教谕和训导。

而官冷署[1]故，于此品不觉言之，特详览者幸勿哂焉。

腐乳

按：豆腐腌霉为腐乳，坯出乌镇酱肆，取坯制成腐乳。有酱腐乳、糟腐乳、白腐乳，又有臭腐乳，贩自他处。亦呼乳腐，《德清侯志》作腐豉。

豆豉

按：见《德清侯志》。有咸豆豉、甜豆豉。又淡豆豉入药品。今又有八宝豆豉。

薰豆

《湖录》：用青豆拌盐少许，以火薰之，以佐果品，青翠可观。

《双林志》：有踏扁青、三粒青、铜青、香珠豆等品。

《南浔志》：一名烘豆，亦称青豆、盐煮毛豆，炭火烘干。又有带壳盐煮，晒干者。

按：近多用盐炒，不煮，取其易干也。有以清酱煮而烘之者，曰酱豆。湖人每以薰豆点

① 冷署：没有油水的官职。作者汪日桢曾任会稽县（今绍兴越城区、柯桥区东片）教谕。

茶，又腌桂花，和以橙汁，藉其酸味，使色黄不渝，又加橙皮、苏子、豆腐干、红蘆菔干、栗片、菱片杂入茶中，谓之薰豆茶，乡间待客以此为敬。凡食品一器中五色五味咸备者唯此，乃他处所无也。

茶膏

按：熬茶汁杂以甘草等药，制成小片，曰茶膏；或丸，如麻子，曰桂花子。

藕粉

《湖录》:《臞仙神隐书》[①]：用藕捣浸澄粉，服食轻身益年。故必以真者为佳。今乌程西乡为之，皆夹杂小粉及以蕨粉充之，非徒无益而有害焉。

按：以白莲藕，水磨澄粉为上，今有杂以番薯粉者尤劣。

蕨粉

《吴兴掌故》[②]：蕨之苗曰蕨萁，春初可作菜，其深根者至三四尺，每根二斤，捣取粉水

①《臞仙神隐书》：明代朱权（1378—1448年）创作的笔记。朱权为明太祖朱元璋第十七子，封宁王，自号臞（qú）仙。

②《吴兴掌故》：即明代徐献忠撰《吴兴掌故集》。

澄细者，可充一夫一日之食。自九月至二月可采，至三月穿芽，则根卢不可食，可救半年荒也。元人黄君瑞[①]歌云："信州[②]乡民蕨作粮，三月怀饥聚头哭。蕨萁开叶不可餐，蕨根有粉聊锄镵。"观此则三月以后不可食矣。蕨气极寒损胃气，须杂米粉食之，否则病黄。

《双林志》：细者供食，余为刷包头绢用。

按：俗以其冷滑，不益人，制食者颇少，但以济荒。

辣虎　一作辣火

《湖录》：辣虎有三种，曰茱萸子，十月采；曰高脚红，八九月采，皆无核，采后先以盐拌之，兑入石灰，浸于瓶中，取用作羹；曰野辣子，有核，霜后采，捣滤取汁，亦入石灰搅成。《本草》所谓辣米油也。周处《风土记》以椒、榄、姜为三香，此其一也。

按：即食茱萸，一名榄，一名檓，见木属。

---

① 黄君瑞：元末诗人，名复圭，字君瑞，有《蕨萁歌》："信州州官万钟粟，杀牛槌马日丝竹。信州乡民蕨作粮，三月怀饥聚头哭。蕨萁开叶不可餐，蕨根有粉聊锄镵。偏攻性冷损胃气，民面生黄苦憔悴。县不申闻郡不知，官中有米重封闭。重封闭，将若何？众人歌我蕨萁叹，九茎莫唱灵芝歌。"

② 信州：今江西上饶，原作信哉，据意改。

辣酱

按：油熬辣茄为辣油，和入面酱为之，或加脂麻油，曰麻辣酱。

芥辣

按：白芥子研末为之，调和所用，宜于夏月。

水菜

《谈志》："《旧编》云：合溪芦菔[1]极脆美，水亦甘洁，土人就以水涤渍入盐，为水菜，甚有名，坛置以馈送。"

腌斋菜　腌芥菜　干菜　菜花头　冬菜

《胡志》：长兴菹中山，山墟名，云菹，腌藏菜也。昔吴王于山中种蔬，为军人冬食之备，故名。

按：湖俗家家腌白菜御冬，名咸斋菜。又芥菜，亦家家腌食。干菜，即以腌白菜晒干，有煮而晒者尤佳；亦有用腌芦菔菜者，腌芥亦可为之。或取薹心菜嫩头腌晒，名菜花头，一名万年青。冬菜用白菜或黄芽菜腌入瓶瓮，

① 芦菔：即萝卜。

去卤藏之，一名瓶里菜。腌雪里蕻，则名春不老，又姜及蒜头、蒜苗、芦葡、莴笋亦皆腌藏。又茄蒂腌藏，可以烹肉；甜瓜皮腌藏，可和入干菜。

腌芥卤

按：芥腌多日，其卤必臭，大瓮贮之，以豆腐干及毛豆浸入，一二日取出，炖食或以老笋浸久，亦酥而可食，名曰臭卤鬏，东乡家家有之。或以瓮埋土中，年久则化为清水，色白味淡，全无气息，医人用治肺痈，颇效。

酱小菜

按：有酱笋、菜瓜、黄瓜、姜茄、刀豆、地楼[1]之属，仿杭州法作之，为甜小菜；仿嘉兴法作之，为咸小菜。湖地所作不甚佳，大率贩自他处。

笋干　即笋脯

《笋谱》[2]：天目山生笋，其色黄。今人以天目笋脯见馈，其色绿，少有黄色者。闻其煮法，旋汤使急转，下笋，再不犯器，即绿矣。

---

① 地楼：即苦瓜。

②《笋谱》：北宋僧赞宁（919—1001年）撰。

《安吉刘志》：猫笋去壳，大锅煮之，剖为片，削去皮节，俟其燥，以重物压扁，名绣鞋底；其余不压不削者，俱名毛笋干。笠笋煮熟，取置焙笼，日夜加炭火烘之，不得翻踏，乃得燥，其最短者，曰泥里黄，曰笋尖，余俱谓之青笋干。石竹笋干，名石竹青；黄姑笋干，谓之绿笋。煮熟烘干，如笠笋，用以作羹最佳。案：笋干为山乡土产，而取以作干者，退笋居多，笋出时业者察其荣萎，锄其不能成竹者，谓之打退笋，余皆留养成竹，不忍拗以作干也。唯小年笋干则无此别。大率笋干百斤需盐数十斤，益以柴炭人工，所获有限焉。

《吴兴掌故》：深山梅溪以上皆荒山笋，然地远，不能及时远致，作笋齑卖之，极软滑，可供盘餐，名酸笋。

《湖录》：菉笋出归安埭头及孝丰山中，略大者谓之阔菉，有名泥里黄者尤美。埭头出酸齑笋，土人呼笋酸齑。

《武康疏志》[1]：有玉版尖、上尖等名。

按：笋干有咸淡、青黄之分，名目甚多。凡烘笋干火必极旺，稍不旺笋即馊矣，故昼夜环看，利虽薄，人工亦颇辛苦也。又有酱笋

---

①《武康疏志》：清代疏筤编修的道光《武康县志》。

脯，以清酱微糖煮而烘之，制者颇少，但以自食不鬻于市。或专取箨中嫩衣干之，曰笋衣，市中或以观音粟嫩壳伪为之。蒸笋榨汁和以炒盐，曰笋油，其笋仍可作脯。以乌椿头笋剜空中节，实以盐煨，成炭去笋，则盐结成一块，白如雪，味甚鲜，曰笋盐。

金针菜

按：采萱草花[①]跗干之，供馔，亦呼真金菜，亦呼金茎菜，茎读如经，见花属。

黄楝头

按：采取黄楝藤嫩叶，腌以佐茗，名黄楝头。

乌梅

《吴兴掌故》："安吉之梅溪以梅得名，而乌梅特为名产。他方所制，取自残落者；安吉特摘完好者为之。"

《长兴邢志》：篠浦所出，亦不减梅溪。

霜梅　即白梅

《南浔志》：盐渍晒干，捶碎其核，曰霜梅；或以沙糖渍之，和以桂花，曰桂花梅；夹

① 萱草花：现一般称黄花菜。

以玫瑰花，曰合梅。按：霜梅亦曰白梅，取黄熟者去核，和糖，捣之曰梅酱。桂花梅中或加嫩姜，则呼桂花姜。

木瓜糁　木瓜煎

《谈志》：唐岁贡木瓜糁四坩，木瓜煎三坩。木瓜糁，大历元年始进；木瓜煎，二年始进。

《湖录》：米屑曰糁，是木瓜屑也。李时珍曰："木瓜性脆，可蜜渍之为果。去子蒸烂，捣泥入蜜，与姜作煎，冬月饮尤佳。"

按：糁即蜜渍为果之谓，与米糁义异，不必牵合。《广韵·上声·四十八感》："糂，羹糂。桑感切"，"糁，上同"。同纽又有"粽，蜜藏木瓜"，实即糂、糁之别体也。古有益智粽、鬼目粽，皆指蜜渍而言，后人不识，乃改为粽，而训以角黍矣。凡古书为浅人妄改，沿讹不察，积非胜是如此者甚多，所谓郢书燕说[1]也。段玉裁《说文》注辨此字甚详确。

菱米

《吴兴统记》[2]：菱湖居人采菱焙干，以备凶

① 郢书燕说：楚国郢人给燕国宰相写信，遭到曲解。指在解释文章时曲解原意。

②《吴兴统记》：北宋左文质撰方志。

年，号曰菱米。

《谈志》：菱，“两角者……秋晚采实，竹箔曝干，去壳为米，以供果。”

《湖录》：今土人带壳风干，名为风菱，不为米矣。

按：今有切片干而藏之者，曰菱片，即菱米也。风菱壳灰，麻油调，治赤游丹[1]。

风栗

按：鲜栗风干为风栗，或切片藏之，为栗片；鲜栗用饧糖炒之，曰炒栗。今山中人采栗必先泼水，又以竹簰载出，必遭水浸，久贮必坏。须未见水者，方可风干。故虽在产栗之乡，而风栗难得，颇以为珍。

柿饼　柿锤

《安吉刘志》：柿熟时摘之去皮，晒干扁，则谓语之柿饼，圆则谓之柿锤。

《湖录》：《劳志》长兴岁办[2]有柿饼，今不见有此。唯深山中人，以麻线缚柿子成串，晒

① 赤游丹：是一种由溶血性链球菌感染引起的急性皮肤病，以局部皮肤红赤如丹，形如片云，游走不定为特征，又名“走马天红”“游火”。

② 岁办：又称额办，明代地方官府根据地方产出每年向朝廷无偿进贡土产。

干，至初冬鬻于市，谓之柿圆，以其形如秤锤也，俗呼锤为圆。

凉粉

《南浔志》：木莲即薜荔子，名鬼莲蓬，又名鬼馒头，夏日采揉，以井水茄汁点之，如腐可食，曰凉粉，俗呼风溯。

按：性极寒，与暑气相搏，食之多霍乱、痢疾。近改用洋菜或石花菜作之较妥。

天茄

按：采牵牛嫩实，蜜渍为果，其蒂似茄也。

黏果

《野语》：筵宴祭祀席上都列黏果，凡五，谓之看席。

按：亦呼树果，亦呼高果。

花露

按：露即气水也。如作烧酒法蒸取之，砂甑为佳，锡甑次之。凡花叶芳香者及药品，皆可蒸露，用以点茶并治疾。

黄瓜水

《涌幢小品》[1]："六月六日，日未出时，汲井水用瓷罂盛之，入黄瓜一条于中，黄蜡封口。四十九日，瓜已化尽，水清如故，可解热毒。"

杬子

《谈志》："田家畜家凫[2]，取子煎杬，木汁藏之，谓之杬子。"《齐民要术》："作杬子法：纯取雌鸭，无令杂雄，足其粟豆，当令肥饱，一鸭可生百子。取杬木皮净洗，细茎剉，煮取汁。率二斗，及熟，下盐一升和之。令极冷，纳罋中，浸及一月任食。"吴中多作至数十斛，久停弥善，亦得经夏也。唐岁贡单黄杬子一千三百五十颗，重黄杬子一千五百五十颗。单黄杬子大历二年始进，重黄杬子五年始进。州司并以两税钱和市充。

《容斋随笔》[3]：杬木和盐擦卵，则染其外，若赭色也。

按：今不用杬皮，但取鸭卵抹以燎酒，乃以盐水和山中黄土或稻秆灰裹藏之，名曰灰蛋。本地所作不及高邮贩来者。

---

①《涌幢小品》：明代朱国桢（1558—1632年）撰笔记。

② 家凫：鸭子。

③《容斋随笔》：南宋洪迈（1123—1202年）撰笔记。

乳酥　乳酪　乳饼

《谈志》："乌戍[1]乳酥最佳，又为花果鱼鸟之属，以为盘饤之华，可用寄远，大抵乡间畜牛之家例能为酥及乳。"

《湖录》：牛羊马乳皆可作酪、作腐，乡土唯以牛乳作之，乳腐即乳饼，见《长兴顾志》。按：《饮膳正要》[2]："造酪法：用乳半杓，锅内炒过，入余乳熬数十沸，常以杓纵横搅之，乃倾出，罐盛待冷，掠取浮皮，以为酥，入旧酪少许，纸封放之，即成矣。"又《臞仙神隐书》：造乳饼法：以牛乳一斗，绢滤入釜，煎五沸水解之，用醋点入，如豆腐法，渐渐结成，漉出以帛裹之。按：今牛乳饼出长兴虹星桥者为佳。

腊猪头

按：湖俗祀神，以猪头为重。岁除之祀，曰拜利市，必用腌猪头，不用鲜者。冬至前后，家家预腌晒透，以备用，曰腊猪头，亦曰利市头。腌肉则曰腊肉。

---

① 乌戍：乌镇的古称，在浙江省桐乡市。

②《饮膳正要》：元代忽思慧撰饮食书。通行本未见所引，《本草纲目·兽部》中有引《饮膳正要》句。

醃[1]鸡

按：出长兴，带毛醃者佳。

酱鸭　酱蹄[2]

按：微醃一日，清酱浸旬日，风干，并出南浔。

鱼鲊

鲊，一作鲝，一作鲑。

王羲之《吴兴鲊帖》："今作北方脯二夹，吴兴鲊二器，蒜条四千二百。"

《大业拾遗记》[3]："大业十二年六月，吴郡献太湖鲤鱼腴鲑四十坩，纯以鲤腴为之，计一坩鲑；用鲤鱼三百头，肥美之极，冠于鳣鲔。"

《谈志》："郡有渔户，专以取鱼为生……四时不停。""至于桃花水生、黄梅潦涨、湖鱼溯急流而群上……举网至数十尾，市价为俯，家率厌饫，且为鲊以寄远。非时暑，又为鲙。"

又：唐张文规[4]《郡斋书情》云："食有吴

① 醃：同腌。
② 蹄：原作蹏（tí），后径改。
③《大业拾遗记》：唐颜师古撰笔记，已佚。此句出自《太平御览》卷八百六十三《饮食部》二十。
④ 张文规：唐代诗人。

兴鲊。”《蔡宽夫诗话》云：吴中作鲊，多就溪池中莲叶包为之，后数日取食，比瓶中者气味特妙。白居易诗曰：“就荷叶上包鱼鲊”，昔人已有此法。乡间取大鱼切作片，用炒米屑，荷叶三数重包之，谓之荷包鲊，可以致远，非就荷上作也。间用精肉旋鲊，就池荷包裹数刻，可供羞[①]。荷叶性恶肥腻，多作能害荷。

《吴兴掌故》：秋深时，湖人作小鱼鲊，加香料、米粉，荷叶包裹，热过可食，名荷叶鲊。唐人李颀《渔父诗》“绿水饭香稻，青荷包紫鳞”，正谓此也。

鱼脯

《谈志》：“《旧编》：仪凤桥南有鱼脯楼，吴越钱氏于此曝鱼脯，修贡上国。今乡土鱼脯甚美，春月尤多，作以供盘饤。”

《湖录》：鱼脯楼，即今在城鱼楼界是。按：脯腊肉，东方朔曰干肉为脯。鱼脯者，鱼之干者也。《本草》：鲍鱼，即干鱼。鱼之可包者，故字从包。《礼记》谓之薧[②]。其淡压为腊者，曰淡鱼；以物穿风干者，曰法鱼；以盐渍成者，曰腌鱼。今俗通呼为干鱼。

---

① 羞：同馐。

② 薧（hāo）：《礼记·天官》：“凡祭祀、宾客、丧纪，共其鱼之鲜薧。”薧：干制的食物。

又《释名》云：鲊，酝也。以盐糁酝酿而成之也，诸鱼皆可为之。鲙者，剑切而成，凡诸鱼之鲜活者，薄切洗净血鮏，沃以蒜齑姜醋五味食之。鱼脯者，即今之风鱼也，土人皆以鲤鱼、青鱼之最大者为之，尚有古意惜乎？鲊与鲙皆不及一见也。

按：鲊生，鲙熟。观《斫鲙书》[①]既云：泼沸；又云：火荠明，非生鱼矣。《湖录》以鲙为生鱼，则与鲊几无别，疑不然也。“鱼鲙”见《烹饪》。

湖鲞

《双林志》：冬月取大青鱼或鲤鱼，盐腌风干，渍以酒孃，闭贮坛内，夏月开食，香美。

按：亦呼糟鱼，用青鱼造者佳。

醉蟹

按：取生蟹，盐糖酒渍，封瓮中，数月乃开。食之入皁[②]荚二寸，则不沙。

干虾[③]

按：去壳干虾肉，谓之虾米，来自他处。

---

①《斫鲙书》：唐代人撰，已佚。
② 皁（zào）：同皂。
③ 虾：原作鰕（xiā），后径改。

湖人唯以小虾盐炒晒干，用烹蔬腐，亦呼带壳虾米。

酒药

《归安何志》[1]：出双林[2]。

按：造酒必用之。又，馒头放饯，用以发酵。

曲

按：入药者，曰神曲；造酒者，曰酒曲；又有红曲亦入药，烹肉或用，以取色。各有制法。载于《本草》。

淀

《湖录》：淀，唯太湖滨溇浦间人家作之。淀、靛同音，今俗作靛。

按：亦称蓝靛，蓝汁所作，用染青色。干者曰靛花，即药品青黛。《旧志》入器用，非也。

肥皂丸

按：肥皂荚去子，及弦和盐卤捶成。用以洗垢，又有香肥皂丸，他处所造。

---

①《归安何志》：姚时亮、何国祥编修的康熙《归安县志》。

② 双林：今浙江湖州市南浔区双林镇。

玉簪粉

《武康刘志》：玉簪花，以铅粉贯入蕊中，蒸之。复晒干，妇女用以匀面，气甚馥。

柿漆

按：椑柿捣汁，以染罩、扇等物，曰柿漆。

烛心

《仙潭文献》：烛心用樣梗为骨，纰以灯草。出镇西、句城、黄安诸村。

蜡烛

按：中置烛心，外裹乌桕子油，又以紫草染蜡盖之，曰桕油烛。用棉花子油者，曰青油烛；用牛羊油者，曰荤油烛。湖俗祀神、祭先，必燃两炬，皆用红桕烛；婚嫁用之，曰喜烛；缀蜡花者，曰花烛；祝寿所用，曰寿烛；丧家则用绿烛或白烛，亦桕烛也。

香

《太平寰宇记》[①]：长兴县艺香山，昔西施种香之所。

---

①《太平寰宇记》：北宋初期全国性地理总志。

《本草纲目》："今人合香之法甚多，唯线香可入疮科用。"

按：有线香、棒香、盘香、条子香等名。湖俗祭祀必用香烛。

香斗

按：以黄白纸作骨，乃以线香条条排匀，粘连于纸，又以五色纸糊成方斗，满盛柏香屑及降真香条、檀香片；又取长条线香，屈曲成花或成福寿字，高尺余，植立斗心，名曰香斗。中秋夜家家爇[1]之，彻晓始烬，谓之烧斗香。东乡僧寺道院亦爇之，尼庵尤盛，一夜至爇百余斗。

木屑香饼

按：以柏木屑并杂木屑，调以油脚，用刻花木范印成，如饼。七月晦日[2]，地藏王生辰，入夜遍地爇之，曰点地香；或置木片上浮水面，曰点河灯。

花炮

按：俗呼炮仗，有双响、单响。百子炮，一名编炮，亦作鞭炮，并祀神所用。又有花

① 爇（ruò）：点燃，焚烧。
② 晦日：农历每月的最后一天。

筩[1]、流星走线、金盏银盘、紫葡萄、雪炮，一名宝月明。更有黄烟滴滴金等名，皆正月中以为戏物。

蚊烟[2]

按：以浮萍及鳝、龟等骨研末，纸裹为长条焚之，以驱蚊，名曰蚊烟。夏夜露宿无帷帐者，莫不用之。每焚一条可彻夜无蚊，唯气息甚恶，闻之不惯，令人头胀，故或呼臭蚊烟。

金汁　即粪清

《本草纲目》：粪清，用棕皮绵纸，上铺黄土，浇粪汁淋土上，滤取清汁，入新瓮内，椀[3]覆定，埋土中一年，取出，清若泉水，全无秽气。年久者弥佳。

按：今造此者少，其价颇昂，故俗呼为金汁。入药用解热毒，年愈久则愈佳，尝见有埋至三十年始掘用者。

① 筩：同桶。
② 蚊烟：今人称蚊香。
③ 椀：同碗。

饼饵之属 粥饭附

糍[1]

《云仙杂记》[2]："吴兴米，炊之甑香。虢国夫人[3]厨吏邓连，以此米捣为透花糍，以供翠鸳堂。"

按：今有糍糕[4]，亦曰凉糕糍团，亦曰麻团，以其冷食，又杂用芝麻屑也。

角黍[5]

按：箬裹糯米，实非黍也，亦名粽子，为清明、端午节物，岁除亦用之。有赤豆粽，有枣子粽，有火腿粽，又有用石灰煮者，曰灰汤粽。东乡丧家有接眚[6]粽子。

馄饨

按：有汤馄饨，间有用蒸者；有煎馄饨，间有用炒者。六月六日必食馄饨。郡城南街双福巷口李馄饨、太和坊太平胜境气杀馄饨，并

---

① 糍：原作餈，后径改。
②《云仙杂记》：唐代冯贽撰笔记。
③ 虢国夫人：唐玄宗李隆基宠妃杨玉环的三姐。
④ 糕：原作餻，后径改。
⑤ 角黍：古时，北方人用黍米包裹成粽子，故名"角黍"。
⑥ 接眚（shěng）：旧时吴地风俗，道士作法接回死人的亡魂。

著名。又，丧家有接眚馄饨。

馒头

按：用面发酵，有松酵，有紧酵。双林吉馒头、南浔旧有徐馒头，并著名。又有无馅馒头[①]，及卷蒸并松酵无馅，酒筵或用之。

烧麦

按：与馒头同类，顶上起花，而不发酵。

饺

按：有粉饺，亦名肉饺；有面饺，一曰水饺，亦呼扁食，一曰汤面饺，汤去声，俗作烫。有酥饺，用面起油酥为之，又有酥合，与酥饺同类，形圆如小盒。

汤饼[②]

按：俗呼切面，祝寿必用之，曰长寿面。又有水调散面入汤，不切条者曰面老鼠，亦曰面疙瘩。

---

① 无馅馒头：明代以前的馒头均有肉馅，类似于今天的发面厚皮肉包子。

② 汤饼：宋代以前，所有的面食均称为“饼”，故汤煮的面条称“汤饼”。

春饼

按：水调散面，用力打韧，熬盘上汤[①]成片，圆薄如纸。初春节物。

寒具[②]

按：面和糖或盐，切细条编成花形，以油煠[③]之。亦有用米粉者，七夕乞巧节物，名曰巧果，亦呼猫耳朵。

糕

按：有方糕、定胜糕、板糕、松子糕、薄荷糕、膏药糕，又松花糕，一名黄长糕，又有朱藤糕、扁豆糕、山药糕，并人家所作，不鬻于市。嫁娶有上头糕、喜糕，祝寿有寿糕。又年糕，为新岁节物；栗糕，为重阳节物。归安人物云片糕遍行天下，南浔旧有杨糕著名，此皆米粉所作之糕也。又有用面发酵者，曰放糕，亦曰风糕，为中元、重阳节物。

---

① 汤：同烫。
② 寒具：今馓子之类。
③ 煠（zhá）：同炸。

饼

按：用粉者曰塔饼，小儿周晬[①]有周岁塔饼。又芒头饼，即芽壳饼，为立夏节物。又有松花饼、木香饼、玉兰饼及粞塔饼，并人家所作，不鬻于市。别有糠[②]塔饼，以齿米、头草和糠为之，凶年用以济饥，非平时所食也。用面者有烧饼，一名熇炉饼。又芦菔丝饼、马蹄酥饼、薄脆饼、香脆饼。又茄儿饼，为七夕节物；月饼，为中秋节物。别有豆腐渣、绿豆粉所作，曰豆渣饼，为中元祭先所用。郡城府城隍庙向有棊[③]子烧饼，后移于东街。又双林有马饼、蒋塔饼，乌镇有烧香烧饼，并著名。

又按：《夷坚志》[④]载，湖州城南市民许六，以货饼饵蓼撒为生，人呼曰许糖饼。今不识蓼撒为何物矣。

圆子

按：俗以粉圆无馅者，曰圆子。有汤圆，一名顺风圆，为元旦[⑤]节物；又名灯圆，为元

---

① 周晬（suì）：一周岁。晬：眼睛清明。

② 糠：同糠。

③ 棊（qí）：同棋。

④《夷坚志》：南宋洪迈（1123—1202年）撰笔记。

⑤ 元旦：春节，正月初一，与今意不同。

宵节物。又有茧圆，为蚕时祀神及腊月祀灶之用。双林费圆著名，别有丸糖为馅，用水沾湿外，以米粉裹满，形如顺风圆，亦呼汤圆。又，东乡元旦有接天圆子，大而有馅。此则有馅，而呼为圆子者也。

团子

按：俗以粉圆有馅者，曰团子。有挂粉汤团，又有蒸团、生熯[1]团，外裹糯饭者，曰戴毛团[2]。又入口团，外裹豆沙，为元旦节物；冬节团，为冬至节物；元宝团，为岁除祀神之用。又丧家有六七团。祝寿用团作桃子形，曰寿桃，米粉色白，和以南瓜则黄，苎叶或南瓜叶则青，胭脂则红，煮赤豆汁则紫，故团有五色。紫所以代黑也。

又按：湖俗吉凶之事，如问名[3]、纳采[4]之喜糕，乃女家所以荅[5]男家之茶枣也。丧家

---

① 熯（hàn）：干燥，烘烤。

② 戴（cì）毛团：今多写作刺毛团。

③ 问名：中国婚姻礼仪之一，男方遣媒人到女家询问女方姓名，生辰八字。取回庚帖后，卜吉合八字。

④ 纳采：中国婚姻礼仪之一，是全部婚姻程序的开始。男方欲与女方结亲，男家遣媒妁往女家提亲，送礼求婚。

⑤ 荅（dá）：同答。答谢，招待。

六七[1]之开荤团，乃女婿、外孙所送也。庆生日之寿糕、寿桃，则凡戚友皆可馈送，多者至数石，其家受之复以分送戚友，谓之分茶，数日始毕。冬则风坚，夏则霉变，人多勉强食之，或投水以饲鱼，或掷地以饲蚁，糜五谷于无用之地。向年绅士有遍劝乡里勿用者，然习俗相沿，以不用为失礼，终不肯革也。间有用茶食店之燥糕、南货店之核桃代之者，谓之干糕桃，颇似有见，而人以为不饰观[2]，犹不肯用。

油馐[3]

按：即油煠粉团也。粉内和芋或番薯则软而松，用豆腐渣者劣。

麻花

按：俗呼油炸鬼。面条和盐以碱发酵，不用馅，油煠成之。又有线麻花，不发酵，俗呼油绳，亦曰炼条，籀此即巧果之类。

---

① 六七：从死者去世之日算起，每七天为一个祭日，称为头七、二七、三七、四七、五七、六七、末七。江南习俗，六七多为女婿操办。

② 饰观：装饰外表，引申为有面子。

③ 油馐：即炸元宵。

茶食

按：或粉或面，和糖制成糕饼，形色名目不一，用以佐茶，故统名茶食，亦曰茶点，他处贩鬻称嘉湖细点。

青精饭

《谈志》："《统记》[①]云：夏至日以南烛草染糯作乌饭，僧道尤尚此食……今俗四月八日多造以供佛，因相馈送。"

按：俗称乌米饭，或以楝叶作之。

米馒头

按：糯米和糖煮饭，置盘中，随盘之大小以满为率。蒸熟米粉，羃[②]其面，饰以胭脂，为祀神之用，亦呼满笼。

八宝粥

按：糯米杂果品和糖为粥，曰八宝粥。夏日用绿豆，曰绿豆粥；十二月八日，僧尼以八宝粥馈遗[③]檀越[④]，名腊八粥。人家抑或用之。

---

①《统记》：即北宋左文质撰《吴兴统记》，已佚。
② 羃（mì）：同幂，覆盖。
③ 馈遗（wèi）：馈赠。
④ 檀越：佛教用语，指施主。

藕粥

按：以糯米贯藕煮之，为熟藕；和汁食之，曰汤藕；专取其汁，曰藕粥。

烹饪之属

鱼鲙　骨淡羹

《谈志》：唐吴昭德善造鲙，时人“嘲之曰：‘鲙若遇吴，缕细花铺；若非遇吴，费醋及葫。’江东呼蒜为葫。东坡云：‘吴兴庖人斫松江鲈鲙，亦足一笑。’乡土以之为盛馔”，制时“铺成花草鸾凤或诗句词章，务臻其妙。造齑亦甚得法，谓之‘金齑玉鲙’”，今时则不尚矣。司马君实[1]送张伯镇知湖州诗：“江左饶佳郡，吴兴天下稀。莼羹紫丝滑，鲈鲙雪花肥。”“又有骨淡羹，每斫鲙悉以骨熬羹，味极淡薄，自有真味。食鲙已各一杯，《本草》谓：凡物脑能消肉，正以食之，必多用此羹也。长兴所造尤薄，仅如蝉翼，他处所不及。”

《膳夫经手录》[2]：“鲙莫鲜于鲤鱼，鳊、鲂、鲷、鲈次之，鲚、鲶、黄、竹、口五种为

① 司马君实：司马光（1019—1086年），字君实，北宋史学家、文学家。

②《膳夫经手录》：唐代杨晔撰烹饪书。

下，其他皆强为之耳，不足数。”

按：鲷及鲶、黄、竹、口，今并不知何鱼，改之不得。

《春渚纪闻》[1]：“吴兴溪鱼之美冠于他郡，而郡人会集，必以斫鲙为勤，其操刀者名之鲙匠。”

《紫桃轩杂缀》[2]：“苕上祝翁，罨溪旧姓，自号闲忙道人……其家传有唐《斫鲙书》一编，文极奇古，类陆季疵[3]《茶经》首篇，制刀砧，次刖鲜品，次列刀法，有小晃白、大晃白、舞梨花、柳叶缕、对翻蛱蝶、千丈线等名，大都称其运刃之势与所斫细薄之妙也。末有《下豉盐》及《泼沸》之法，务须火、齐与均和三味，疑必易牙之徒所为也。当时予爱其文，未及借录，今书与翁皆化为乌有矣。《下豉盐》篇中云：‘剪香柔花叶为芼，取其殷红翠碧与银丝相映，不独爽喉，兼亦艳目。’然不知香柔花为何花也。”

按：香柔当谓其气香，而质柔，非花名也。

《吴兴掌故》：吴兴往时，善斫鲙、缕切，

---

①《春渚纪闻》：宋代何薳（yuǎn）（1077—1145年）撰笔记。

②《紫桃轩杂缀》：明代李日华（1565—1635年）撰笔记。

③ 陆季疵：即陆羽（733—804年），字鸿渐，又字季疵。

如丝簇，成人物花草，杂以姜桂。故东坡云："运肘如风看斫鲙，随刀雪落惊飞缕。"山谷[①]亦云："吴兴庖人斫松江鲈鲙。"观此，则吴兴斫鲙名远矣！而今皆不一见。

按：古者牛与羊、鱼之腥，聂而切之为脍，本指生脍。此鱼鲙，乃言火齐均和，则当是热鲙也。《谈志》言，鳢鱼可"作熟鲙羹"，则熟亦可称鲙矣。

鱼羹

《谈志》："《吴兴记》云：平望[②]车溪[③]出美鱼。谚云：曲阿[④]不食，平望不羹。为失味。今乡间鱼肥而鲜，为羹甚美，不特车溪也。"

水晶羊肉

《乌青文献》[⑤]：水晶羊肉，乌镇宰乳羊作脯，四方闻名。

---

① 山谷：即黄庭坚（1045—1105年），号山谷道人，北宋诗人。

② 平望：今江苏苏州市吴江区平望镇。

③ 车溪：今江苏苏州市吴江区盛泽镇南霅村。

④ 曲阿：江苏丹阳的古称。

⑤《乌青文献》：清代张炎贞撰方志。乌青：乌镇和青镇。以市河为界，河西是乌镇，属湖州府乌程县；河东为青镇，属嘉兴府桐乡县。1950年两镇合并，称乌镇，隶属今桐乡市。

酱羊肉

《南浔志》：市肆以清酱烹羊，红若琥珀，唯冬月有之，远近争购焉。

按：今郡城及双林亦佳。

板羊肉

按：双林著名。

羊膏

按：见《练溪文献》[1]，双林及湖滨溇港并佳。

薰蹄

《湖录》：出南浔者佳。

《南浔志》：色如金漆，百里外皆慕之，称之曰浔蹄。或薰后复煨烂，谓之放酥薰蹄。

按：东乡人待客最重猪蹄，名曰白蹄；油煤之，曰爆蹄；取金华火骽之蹄，曰火蹄。又造腌蹄、酱蹄。以酱蹄配白蹄，曰金银蹄；以火蹄配白蹄，曰文武蹄。

①《练溪文献》：清代朱闻龙撰方志。练溪：在今浙江湖州市南浔区练市镇。

陈蹄　计肚　汪小炒

按：并见《双林志》。又，乌镇酥肚亦有名。

扎肉

按：即熏肉，先微腌，以巨石镇压半日，卷如圆柱，四面裹皮，稻秆扎紧煮熟，乃以木屑烟熏之，曰扎肉。郡城有名，他处熏肉皆不压不扎，故不能及。

巧肉

《南浔志》：巧，俗读如考，旧有李阿巧者，善烹调得名。

方鸡

按：郡城方姓，以善烹油煠鸡得名。

五香鸡

按：乌镇著名，并骨亦有味。

煎鸭

《双林志》：六七月间，以穉[①]鸭为之。

按：南浔亦有之，呼为爆鸭。

① 穉：同稚。

乌腊

《湖录》：南浔、菱湖俱有之，而南浔尤佳。

《南浔志》：刺毛鹰味甚美，取肥肉豢[1]者为佳。

按：今晟舍[2]亦有名。

鸭馄饨

《南浔志》：喜蛋，即鸭馄饨，与嘉禾[3]争胜。

---

① 豢（huàn）：喂养。

② 晟舍：今浙江湖州市吴兴区织里镇晟舍村。

③ 嘉禾：今浙江嘉兴市。

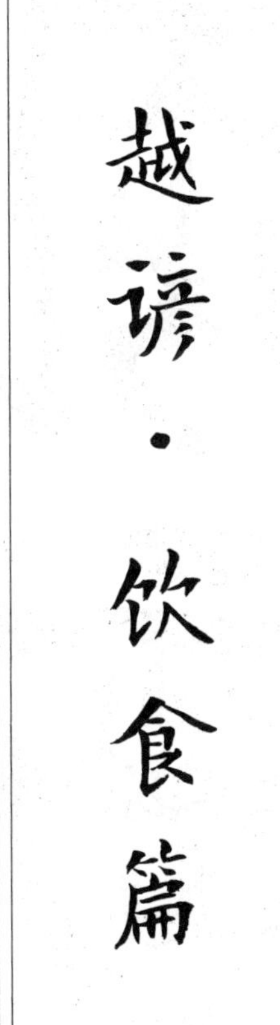

[清]范寅　撰
何宏　校注

《越谚》书影1

糕⿰𠦝八 米粉作方條焙熟成⿰𠦝八極鬆脆為越城名物與紹酒通市京都故招牌書進京香糕昔多黃色今多白色其粉更細而佳

燒餅 麥粉起酥一次名單酥燒餅兩次名雙酥實以糖則甜曰甜燒餅椒鹽則鹹名鹹燒餅乾嘉年間轉行京都矣齊民要術

京糰 糯粉餡糖外⿰黍需芝麻油炠降大故曰京

麻餈 時糯粉餡烏豆沙如餅炙食擔賣多喫能殺人

饅頭 麥粉發酵為之其餡有糖有肉出燕翼貽謀錄

印糕 米粉為方形上印彩粉文字配饅頭送喜壽禮

⿰食召⿰食兒 邵貌俗呼如紗帽無名義可證好解者曰燒賣言其挑燒行賣也然越市無此且餛飩湯糰何嘗不燒賣乎按⿰食召小食也出廣韻⿰食兒飽滿也出類篇其物寸高形圓瓠底開面膾筍肉餡麵中越惟新歲喜慶待冠客小食用此意祝飽餐小食名之乎

食葷 見荀子哀公篇

葷辛 士相見禮鄭注

油膩 東坡集與蔡景繁尺牘

湯糰 採團祀竈日元旦及喜事均糯粉搓團放湯乾膳子

筍⿰𠦝八 干會稽竹筍味美天下煮烘為⿰𠦝八藉餽四方

金棗 粉質芋心炠降⿰黍需糖亦喜餜大者雪棗白薄大者兔耳朶

豆豉 飼瀹白豆⿰黍需麵粉令黝而徵郎成矣

籙筍 出處州為⿰𠦝八色黃大逾掌箓音同祿皆為歲食

《越谚》书影2

饮食

此条不异呼，亦附载者，记土风、美味、名物也。

下饭

括羹汤肴馔，通名下饭，以饭因而下咽也。见《过庭录》。

火食

本《礼[1]·王制》。又“家给其火食”，见《北史·张纂传》。俗作伙，非。

馅

“咸”，上声。凡米面食物坎其中，而实以杂味曰“馅”。其文从“臽”，不从“舀”。宋人有误书受讥者，欧阳公《归田录》载之。

年糕

浸粳米一石，糁糯米五升，为粉蒸舂，搓置条，犒男女雇工之贺年者。

粽子

箬裹糯米为之，尾尖，头三角。越粽独与

① 礼：《礼记》。

他粽异样，配年糕同为犒物。其自食者，糁乌豆、白莲、红枣、惰脯[1]不等。

糕馈

遣，同馈。粳粉什、糯粉一为糕曰餽。

糰子

又名元宵。正月望日遗新壻家，粳粉累成圆颗。

月饼

糖粉不同，圆样皆如月，中秋节前馈婿家，如端午粽。

巧果

七夕油炠[2]粉果，样巧味脆，即乞巧遗意。

茧馃

埽[3]墓时食，觰[4]头细腰，积六条成一攒。《正字通》："长曰茧。"

---

① 惰（duò）脯：干肉，这里指腌制过的肉。
② 炠：炸。
③ 埽：同扫。
④ 觰：同鮓（zhā），两角上端张开。

馄饨

或芝麻糖，或醢肉裹以面粉，冬至时食。见陆放翁诗注。

荤菜

荤本以臭言，葱韭酒蒜是也。越以羽毛血食言。

馃斋

避上“荤菜”，全用植物米粉为之。又名“馃下饭”“荤下饭”。

沙糖

店中名“泉水红”，甜如膏。白者，名白糖。见《易林》。

斋嚫

“寸”。和尚拜忏，馃饭外加钱。《玉篇》。按：“嚫”字各异，《齐书·张融传》作“儭”，《寒山诗》《传灯录》《法苑珠林》均作“䞋”，《续齐谐记》作“襯”。今从《翻译名义》、梁《高僧传》作“嚫”。

糕钒

米粉作方条，焙热成钒，极膔脆。为越城名物，与绍酒通市京都，故招牌书“进京香糕”。昔多黄色，今多白色，其粉更细而佳。

烧饼

麦粉起酥一次名“单酥烧饼”，两次名“双酥”。实以糖则甜，曰“甜烧饼”。椒盐则咸，名“咸烧饼”。乾嘉年间转行京都矣。《齐民要术》。

京糰

糯粉馅糖，外黐[①]芝麻，油炠胮[②]大，故曰“京”。

麻餈

“时”[③]。糯粉馅乌豆沙，如饼，炙食担卖。多吃能杀人。

馒头[④]

麦粉发酵为之，其馅有糖有肉。出《燕翼贻谋录》。

印糕

米粉为方形，上印彩粉文字，配馒头，送

① 黐：环转不停。此为用黄粉包裹起来。
② 胮（pāng）：同膀，意为“庞”。
③ 时：越地“餈”音“时”。
④ 馒头：指有馅料的包子。

喜寿礼。

馅饥

“邵貌”。俗呼如“纱帽”。无名义可证，好解者曰“烧卖”，言其挑烧行卖也。然越市无此，且馄饨、汤糊何尝不烧卖乎？按：“馅”，小食也，出《广韵》。“饥”，饱潓也，出《类篇》。其物寸高、形圆、瓠底、开面，脍笋、肉馅面中。越惟新岁、喜庆、待冠客，小食用此，意祝“饱餐小食”名之乎？

食荤

见《荀子·哀公篇》。

荤辛

《士相见礼》郑注。

油腻

《东坡集·与蔡景繁尺牍》。

汤糊

“探团”。祀灶日、元旦及喜事，均糯粉搓团放汤。《乾膘子》。

笥軓

“干”。会稽竹箭，味美天下，煮烘为軓，

藉餽[1]四方。

金枣

粉质芋心，烀滓䊞糖，亦喜馃。大者雪枣，白；薄大者兔耳朵。

豆豉

“饲”。瀹白豆䊞面粉，令黦而霉即成矣。

箓筍

出处州[2]。为鲞，色黄，大逾掌。箓，音同“禄”，皆为岁食。

虾米

虾剥肉鲞之如米。见《急就章》注。

金钩

大海虾鲞，以其形似而名。

木耳

如地滑漨[3]。

---

① 餽：同“馈”。
② 处州：今浙江丽水。
③ 地滑漨：地耳。

紫菜

出宁波，如烫腐皮，色紫味鲜。

淡菜

出宁波者佳。蛤虮也。《韩昌黎集·孔戣奏罢明州》：淡菜贡。唐李贺、孙光宪均入诗。

渝饭

上，“泡”。锅底焦饭用水煮者。《清波杂志》：宋高宗渡河食。

点心

不饭而食，诸物御饥皆名此。见《唐书》郑傪夫人治妆。

滥菜

越俗贫富皆菜饭，冬腌，足用一年。滥，音艳，出《广韵》。

冻米

即爆烨爀所得者。详下。

麦蚕

新麦之青者，腻磨成条名此。

油䐪

鹅鸭尾间两粒如肾者，极臊。《礼·内则》“舒雁臎”是也，“翠”同。

板油

谓猪肪。

油麸

岁时糖煮藕、枣、荠、栗为肴名此。《陶歇庵集·百衲羹诗》注。

麻花

即油炸桧[①]，迄今代远，恨磨业者省工无头脸，名此。

薄饼

春初爊粉如纸，以包肉食。《青箱杂记》。“薄饼”从上揭。

䛊口

上，“忌”。不食荤腥油腻。《玉篇》。

---

① 油炸桧：有些地方指油条，而非麻花。南宋时发明油炸秦桧夫妇之意。

茶料

母以莲、栗、枣、糖遗出嫁女，名此。

繭茶

上，"鳃"。新妇煮莲、栗、枣，遍奉夫家戚族尊长卑幼，名此。又谓之喜茶。

乌肉

道墟市[1]名物。

簖蟹

坐簖捕得者，味最佳。深秋西风起，蟹肥必趴簖，日夜坐捕。

鱼白　虾红　蟹黄

三者皆美味。虾夏肥，其脑满，熟之为硬红块。此必越渔能泅者方得，即下摸来虾皆有红。蟹秋肥，黄在筐。团脐之黄成红块，名"石榴子"。尖脐之黄成肪，名"膏"。鱼冬肥，白在腹。雄螺蛳鲭为多。范蠡遗风，多鱼荡蟹簖而得。

虾轨

"竿"。

---

① 道墟市：今浙江绍兴上虞区道墟镇。

鱼腊

“昔”。夏，白鲦用椒、酒、酱烹烘。

淡蕘

“考”。皆夏槁物也。

肉𦢊

“松”。熟肉红镬屡炒之，𣥨碎如棉𦢊起。

艾饺　艾糕

二者陶堰市[1]名物。

熏鹅

“爋”，详下卷。陡亹市[2]名物。

柴𣥨

此大豆腐𣥨。山阴柯桥市柴姓作，有名。今亡矣。

寿桃

祝寿馒头，作桃尖形。《正字通》：“馒斜日桃。”

---

① 陶堰市：今浙江绍兴柯桥区陶堰镇。

② 陡亹（mén）市：今浙江绍兴越城区斗门镇。

寿面

屑面曰“面”，屑米曰“粉”，字义分歧。北谚颇合。越人呼“面”曰“面饽粉”，切成条曰“面”，其条长曰“长寿面”，用以祝寿曰“寿面”。

面筋

凡铁之有钢，如面之有筋，汰尽筋乃见。《梦溪笔谈》。

酒酵

“高”。可人面粉发膵者。出《齐书·礼志》注。

米醋

此以米做成，与酸酒做者迥别。出萧山县，四方驰名。

老酒

在家名此，出外曰“绍兴酒”。大抵饭多则力厚，味醇曰加饭酒，加饭则加重。可运京不坏曰京庄酒，内地运粤，路更远，则双加重，名广庄酒。冬作者曰冬工，春作者名春工，此以立春前后言，初冬曰淋饭酒，此为酒娘饭淋冷落缸，故名。糟粕起蒸，甑流汽下为烧酒。最好者曰镜面，无花，掺水反起花。次之为楼花，又次为有花。花即浡泛，气盛有泛，气淡无泛，烧酒尚气，故以花定高下。其甑汽初滴为酒油，食之醉死，并入坛中，经久不坏。又有花雕酒，其坛有花，大倍于常，娶聘时无论贫富，皆所必用。

馋獠

“残劳”。谓贪口腹者。《宣和画谱》。

馋馐[①]

“淙”“馐”同。说人吝食曰“馋馐”。出《广韵》。

喜蛋

“但”。古作“蜑”。俗呼鸡鸭卵为“蛋”。江上“鸭蛋洲”是也。越多宴饔坊，虽瞨不弃，酱酒茴香烹食，甚美。因蛋中如孕已全具，故名“喜蛋”。

软饱

北人以昼睡为“黑甜”，南人以饮酒为“软饱”。《冷斋夜话》。

糜糊

“米胡”。或作“米粰”。屑米溲蒸哺婴。

① 馋馐：即“馋虫”。

《尔雅·释言》疏。

臛头

上，“荒”，入声。庖丁拣精美者，盖饰肴馔之面，谓之“臛头”。“臛”字见《内则》“膷臐膮”注，以“膷”为牛臛，“臐”为羊臛，“膮”为豕臛。

垫底

喜丧盛会筵席，庖包肴馔，以粗者实碗底曰“垫底”。

会酒

祀神散胙[1]。

忌日酒

祭祖散胙。

上坟酒

扫墓散胙。三者皆筵席，而以酒名。

十碗头

并无盘碟，每席皆然。惟迎娶请亲，送者有小碗盘碟。近廿年来亦加丰，甚至聘字、婚

① 胙：祭祀用的肉。

娶、待下均用小碗，有碟。可慨也。

鲞冻肉

为过年下饭，通贫富有之。男女雇工贺年必曰“吃鲞冻肉饭去”。

淘�米

元旦忌淅，于除夕预淘食米。

端午粽

女儿新嫁，遗其婿家，先节而往，谓之“望节”。

南瓜饼

中元日[①]祭祖时食。红南瓜切丝，如蒲饼。

蒲丝饼

夏至祭祖时食。青蒲子切丝，拖粉，油炠成。

重阳糕

与“餻”同。枣栗嵌米粉蒸食之。《野客丛书》说刘梦得不肯题糕即此。《松漠纪闻》“宝阶糕”亦同。此物颇古。

---

① 中元日：农历七月十五日。

麦镬烧

麦粉和糖，放镬中燥[1]爊成。

筋扲头

"滞夹"。和麦粉在碗中，用筋扲下煮食，故名。

珑攎豆

"龙缠"。白豆外鱎黄粉，微甜。喜馃用。

水饺饵

"执"。即段成式食品，汤中牢丸也。《正字通》。

葱管糖

形如葱管，麦糖鱎芝麻。坠贫做卖。

油馓子

中"散"。如"油炠桧"而坚细短小。

油炠桧

秦桧害鄂王[2]，民心不平，并恨其长舌妻，

① 燥：燥，干燥。
② 鄂王：即岳飞。

捳面粉为桧夫妻头脸，扭攋两身，灭其四肢，油锅烹食。故“桧”仍音“贵”，不音“蛀”。

爆烊爊

“报烊蒲”。用糯穀煨火炉，爆出烊起而脯。

麦粞饭

麦与米对煮。

熓[1]冷饭

未及起爨，剩饭熓热。

嗒味道

上，“搭”。口舌之间细辨其味。

搡[2]饭吃

“搡”，详下卷。贫家待养媳往往如此。

东坡肉

又名“红腌肉”。本于《东坡集·黄州食肉诗》。

---

① 熓：炒。
② 搡：限量。

白切肉　白劗[1]鸡

二者均不藉他物调和。

盘肠油

即脺膋[2]。

鸡冠油

即豨膏，状如鸡冠者。

镬焦团

煮饭焦底，剩起团而食之。

抑豆腐

“抑”，详下卷。糁以盐奶，厥味最佳。

燖鸭子

“燖”，详“单辞只义”。沸汤投入去壳鸭卵。

火骽[3]肉

猪骽腌腊，色红如火，出金华。

---

① 劗：斩。
② 脺膋：肠间脂肪。
③ 骽：腿。

澁鸭子[1]

稻草灰和盐捣腌鸭卵，久则殠，而黄变黑。

白鲞汤

即石首鱼軋切块熯[2]清汤，与澁鸭子同为病者开胃。

候口[3]**茶**

不热不冷者。

撮渝茶

客至谦称，又"大水茶"。

碗头桌

酒肆柜饮之名。《梦粱录》[4]作"碗头店"。

淈[5]**过水**

上，"订"。夏日饮水必取泥浊淈落者。见

---

① 澁鸭子：咸鸭蛋。

② 熯：原有"烘烤"义，而越地专指做饭时在饭上蒸。

③ 候口：恰好。常用来形容食物不多不少、不咸不淡、不冷不热等。

④《梦粱录》：此书名，世人常写"梁"为"粱"，范寅从之，现改为"梁"。

⑤ 淈：使水中的浑浊物下沉。

扬雄《甘泉赋》。

爊米糕　玉露霜

二者路家庄[1]名物。

松子糕

樊江市[2]名物。

香酥饼

越城塔山[3]下名物。

烎[4]猪头

烎，详下卷。

蒸羊肉

二者皆道墟市名物。

囡[5]来虾

上，"夹"。岸边小罾捕得者。"囡"，出

① 路家庄：地名，在今浙江绍兴市越城区平江南路、兰江路一带。

② 樊江市：今樊江村，位于浙江绍兴越城区皋埠镇。

③ 塔山：在浙江绍兴城南门内，海拔29.4米。

④ 烎：用微火炖烧。

⑤ 囡（niè）：捕鱼或鸟的带柄小网。

《说文》[1]。

摸来虾

桥缝磡洞以手摸得者。最肥大，可烘馸。

牵缨[2]虾

中，“抗”。系缨腰间牵之。其虾多细。

菱葓鱼

中，“蓬”，去声。叙鱼器躲菱葓下，彻食甚鲜。

大痡痡

“乃”，平声。大臀撅出貌。食蹄膀之戏言。《集韵》。

倒纛菜

滥用白菜，此以芥菜滥入坛倒覂。见《说郛》《中馈录》。

松花粉

山松春花，黄细如粉。樵采入面粉，清香

①《说文》：即《说文解字》。
② 缨：系衣服的带子，泛指绳子。

仙家味。

苋菜梗

“苋”，见《易·夬卦》。其梗如蔗，段之腌之，气殠味佳，最下饭。

过酒胚[①]

括糕果、肴核之堪下酒者。

吃一顿

又名“一餐一具”。见《宋书·徐湛之传》。

吃长饍[②]

有嫠[③]而终生茹[④]者。亦有吃三年以报母者，曰报娘恩；其报父与舅姑及夫，亦各三年。侫佛妇风也。杜诗、苏峻《长斋》同。

吃花饍

此择日而间花吃者也。或吃观音饍、三官饍、雷饍、斗姥饍，名类不一，皆年有定月，月有定日。此外仍茹荤。

---

① 过酒胚：下酒菜。

② 吃长饍：指一年四季均吃素。

③ 嫠：寡妇。

④ 茹：吃。

密醽醇[1]

“殷勤”。口音有别，意义实同。做法用舂白糯米蒸饭，平放坦缸中，入酒药，其饭化水，即此酒。从《玉篇》，从《曹参传》注。

酒合酒

中，“葛”。以酒为水再作酒。

红殕霉豆腐

豆腐始于汉淮南王，此为方块，霉殕可口。

六五荤四五馐

此荤馐两全之席，总以十碗头[2]为一席。吉事用全荤，忏事用全素。此席用之祭扫为多，以妇女多持斋也。

歿饭榔槼[3]

上，“拷”；下，“兴”。殕霉豆腐苋菜梗，两味可口而发痳。耕种时农吃麦糆饭，必二味方能下咽，如榔槼、歿饭下喉。

---

① 密醽醇：即“甜酒酿”。

② 十碗头：即“十碗”。“头”，后缀。

③ 榔槼：大木槌，大木榔头。

毛摘汤糰

此不搓圆，临烹摘下，古之馎饦[1]也。同“不托”。

裹馅汤团

“馅”，详上。

水仙花饺

粉裹馅为之，上有孔四，如水仙花。

擦[2]糖印糕

此无馅而糖擦入粉中，味膬而和。擦，音蔡。

洞里火烧

本名“火烧饼”，较烧饼为大而不起酥，其炉大而空洞，炽炭其下，贴饼其腹，故名。

钓来白鲦

亦夏热钓自菱蕻者，可烘鱼腊。

盐封馸菜

四月湓芥晒馸封坛，盛暑熯汤。

① 馎饦：古代的一种面食。
② 擦：掺揉。

净盘将军

讳言饕餮。本于“腹负将军”，见《元曲选》。

𩞄咳弗打

𩞄，影。欠饱求益之言如此。“𩟗”“饋”同。

家常便饭

范文正公[1]云无“便”字。《独醒杂志》。

碗脚碗尾

残羹剩饭之谓。

母子酱油

此同“酒合酒”重做法，味最厚。

沙𤎖白豆　杜烘青豆

二者道墟市名物。

咸双酥烧饼

皋埠市[2]名物。

---

① 范文正公：即宋代大臣范仲淹。

② 皋埠市：今浙江绍兴市皋埠镇。

黄花艾麦馃

扫墓时采春食用。馃,《玉篇》。

鸡骨头糕朳

比其细硬而名。今亡矣。

孛佬头衣食

虽兼衣,专论食也。讥其耗费。

吃桌角头饭

言无正座。

开门七件事

柴米油盐酱醋茶。见《通俗编》。

双转糙白米

糙,糙。一臼重舂,食不厌精者,富贵家食。

棋子豆腐朳

小方块。越城水澄桥出者为佳。

朝饭　旰饭　夜饭

越俗日食三餐,皆大米饭。"朝饭"见苏诗;"旰饭"即中饭,见王维诗;"夜饭"即晚饭,杜诗《晚饭越中行》。

㲒

“黄”，越音“荒”。卵中黄实也。“蛋㲒”“蟹㲒”应从此。出《字汇》。

费

谢款宴者曰“过费”，又曰“破费”。《韩诗外传》子夏语曾子。

扰

谢人饮食曰“叨扰”，又曰“饫扰”。司马温公[①]《书仪》。

煞口

越谓殠溢菜煞口、煞饭。《白虎通》：“五味得辛，乃委煞[②]也。”

① 司马温公：即宋代大臣司马光。

② 委煞，非常煞口。“委”：副词，“确实”意。

图书在版编目（CIP）数据

饭有十二合说：外五种 /（清）张英等撰；何宏校注
. —北京：中国轻工业出版社，2024.1
（中国饮食古籍丛书）
ISBN 978-7-5184-3817-4

Ⅰ. ①饭⋯ Ⅱ. ①张⋯ ②何⋯ Ⅲ. ①饮食—文化研究—中国—清代 Ⅳ. ①TS971.202

中国版本图书馆CIP数据核字（2021）第281189号

责任编辑：方　晓
策划编辑：史祖福　方　晓　　责任终审：劳国强　　封面设计：董　雪
版式设计：锋尚设计　　责任校对：宋绿叶　　责任监印：张　可

出版发行：中国轻工业出版社（北京鲁谷东街5号，邮编：100040）
印　　刷：鸿博昊天科技有限公司
经　　销：各地新华书店
版　　次：2024年1月第1版第1次印刷
开　　本：787×1092　1/16　印张：9.75
字　　数：200千字
书　　号：ISBN 978-7-5184-3817-4　定价：60.00元
邮购电话：010-85119873
发行电话：010-85119832　010-85119912
网　　址：http://www.chlip.com.cn
Email：club@chlip.com.cn
如发现图书残缺请与我社邮购联系调换
171661K9X101ZBW